Have fun

居家布置**好吸睛**！

輕鬆作鉤織花圈

Contents

繽紛一整年的鉤織花圈

CHAPTER 2
少女的
祕密花園

CHAPTER 3
日常繽紛

CHAPTER 4
歡樂過節慶

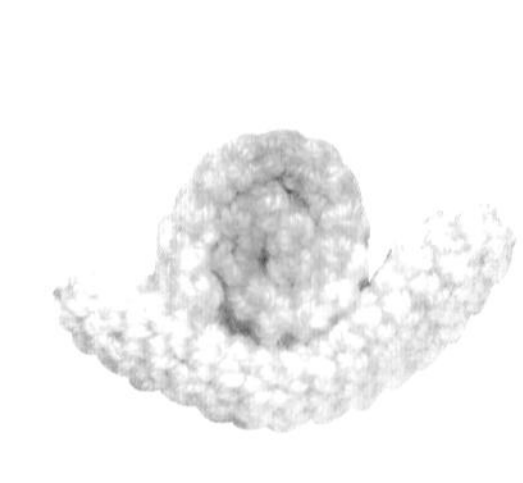

妞媽不藏私
鉤織基礎集

一起動手
織玩偶・作花圈

作者序

興起寫這本書的念頭，其實起源於至捷克旅行那一年。
因為慶典，在當地人家門口，看見一個一個又一個，
美麗動人的繽紛花環。

依據主人喜好，各家掛出來的花環，都有著截然不同的樣貌。
有乾燥花妝點而成的樸實風格；
亦有各色絲帶交錯纏繞的華麗風格。

當下我便想，如果，能有些作品，是以毛線編織而成，
不僅能傳達暖暖的手作心意，
甚至在不同場合、不同時節，更能代替我們傳遞滿滿祝福，
那不是很棒嗎！

有了這樣的想法，這本書很自然且順利的產生了。

我很喜歡這本充滿歡樂／幸福感的作品，
在編織的過程中，心情是富足且喜悅的。希望你們也是！

愛線妞媽

繽紛一整年的鉤織花圈

作品欣賞

可愛招財狗

How to make
P.48

滷得香噴噴的雞腿看起來好美味啊！

偷偷咬一口～啊姆！

貓咪玩毛線

Cat playing with yarn

媽媽一直抱在懷裡織啊織的那顆東西
到底有什麼好玩呢？
趁她不在家，我來偷偷摸兩下！嘻！

03

貓頭小鷹不睡覺

How to make P.54

月亮阿姨出來了
媽咪～
我們也出門玩耍唄 ^^

Owl does not sleep

04 我愛無尾熊

I love koalas

可愛又溫馴的我，最喜歡你的抱抱了！
快伸出你的雙手擁抱我吧～

05 松鼠愛松果

找到好多松果呀！
趕快抱回家與好朋友們分享～

櫻花與鳥

How to make
P.62

浪漫的落櫻繽紛夾雜著動人鳥語～
這是我們專屬的微甜幸福

瑪格麗特花園

How to make P.57

可愛的小白花，花語是喜悅。
嗡嗡嗡的小蜜蜂，正忙碌的穿梭工作呢！

牽牛花與蝸牛

How to make
P.64

頑強的牽牛花與緩慢卻不肯放棄的蝸牛，

我們要一起堅持到最後唷（握拳！）

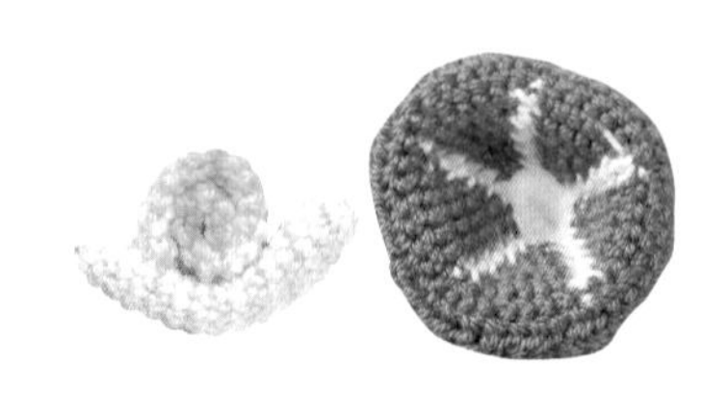

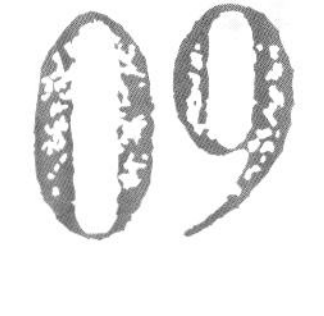

繡球花與蝴蝶

How to make P.66

象徵美滿團聚的繡球，
配上翩翩飛舞的彩蝶，
好一幅璀燦光景！

晴天娃娃

How to make
P.70

Sunny Doll

滴滴答答的雨，什麼時候能停歇呢？

沒關係，跟我們一起期待雨後的彩虹吧！

Field scenery

11

田野風光

How to make
P.72

鄉間小路旁，滿滿記憶裡
小時候的味兒……
稻草人、紅磚屋，還有那
豐滿低垂的麥穗。

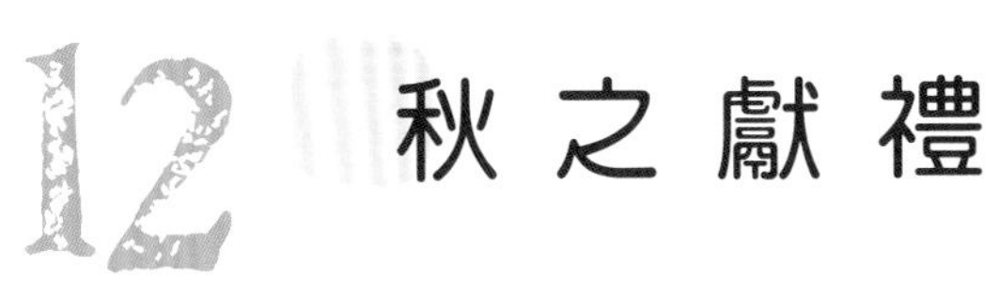

以紅／黃色調，堆疊出秋的氣息。
是這一季，大自然給我們的禮物～

13 海上風光

蔚藍的海上，有著白鷗點點～

走囉！順風航行去！

Sea landscape

14 水裡有河童

How to make P.82

關於水的傳說很多很多。

你相信，裡面住著愛吃小黃瓜的河童嗎？

CHAPTER 4 歡樂過節慶

15 中秋——玉兔搗藥

How to make P.84

中秋節——闔家團圓吃月餅的時候，
別忘了抬頭數數，有多少小可愛們
正在月亮上叩叩叩的辛勤工作呢？

17 小鬼當家

How to make
P.92

16 萬聖狂歡夜

How to make
P.86

Happy Halloween

不給糖，就搗蛋！

一起加入我們的瘋狂 PARTY 吧！

18

聖誕快樂A

How to make
P.69

紅綠配妝點金色營造出來的節慶氛圍，
就是這個冬天，最令人期待的幸福時光。
聖誕快樂！

Merry Christmas

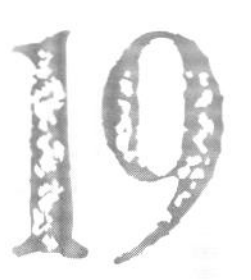

19 聖誕快樂 B

How to make P.94

叮叮噹～叮叮噹～鈴聲多響亮～

期待今晚，耶誕老公公駕著麋鹿來找我玩 ^^

20

雙囍娃娃

How to make P.96

Happy wedding

十年修得同船渡，百年修得共枕眠。
祝福結為連理的你們～
執子之手，與子偕老。

迎財神

How to make
P.89

初五迎財神！討個好兆頭～
記得掛上花圈請財神進來坐坐唷！

22 福神到

Happy new year

掛上我專屬的護身符～

不管健康／事業／愛情，一定都能順心平安！

妞媽不藏私
鉤織基礎集

本書必備 工具＆材料

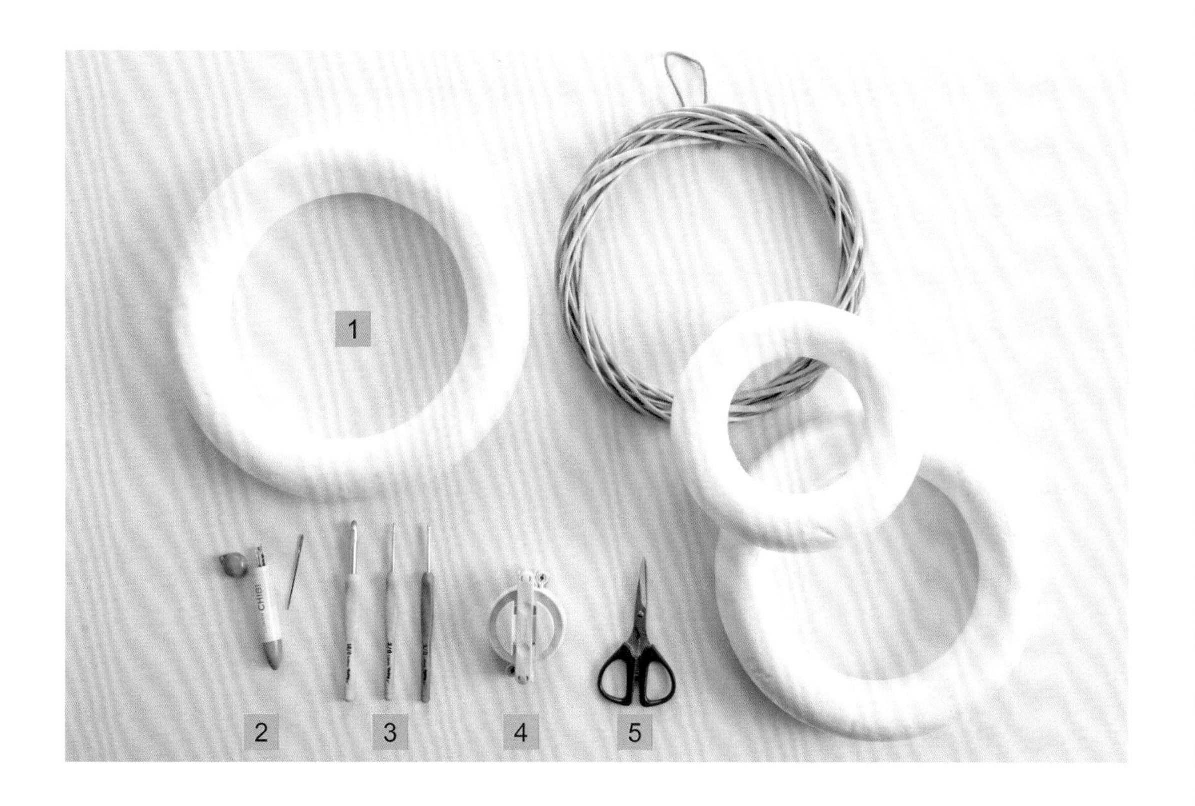

1 大／中／小保麗龍花圈／藤製花圈：請依作法頁選用適合尺寸。

2 毛線針：縫合玩偶各部位時使用。和一般縫衣針不同，針尖圓潤不容易傷到毛線，較大的針孔也方便毛線穿入。

3 鉤針：鉤織時，會根據織線的粗細，來選擇鉤針型號。一般鉤針由 2/0 號（細）到 10/0 號（粗），當然也有更粗的巨型鉤針，與更細的蕾絲鉤針。請依作法說明選用。

4 毛線製球器：只要在上面纏繞毛線，就可以簡單作出毛線球的方便工具。有各種大小不同的尺寸。

5 線剪：小巧銳利的剪刀即可。

※ 其他：保麗龍膠、市售玩偶眼睛、各式娃娃裝飾配件等，請依作法頁準備。

使用線材

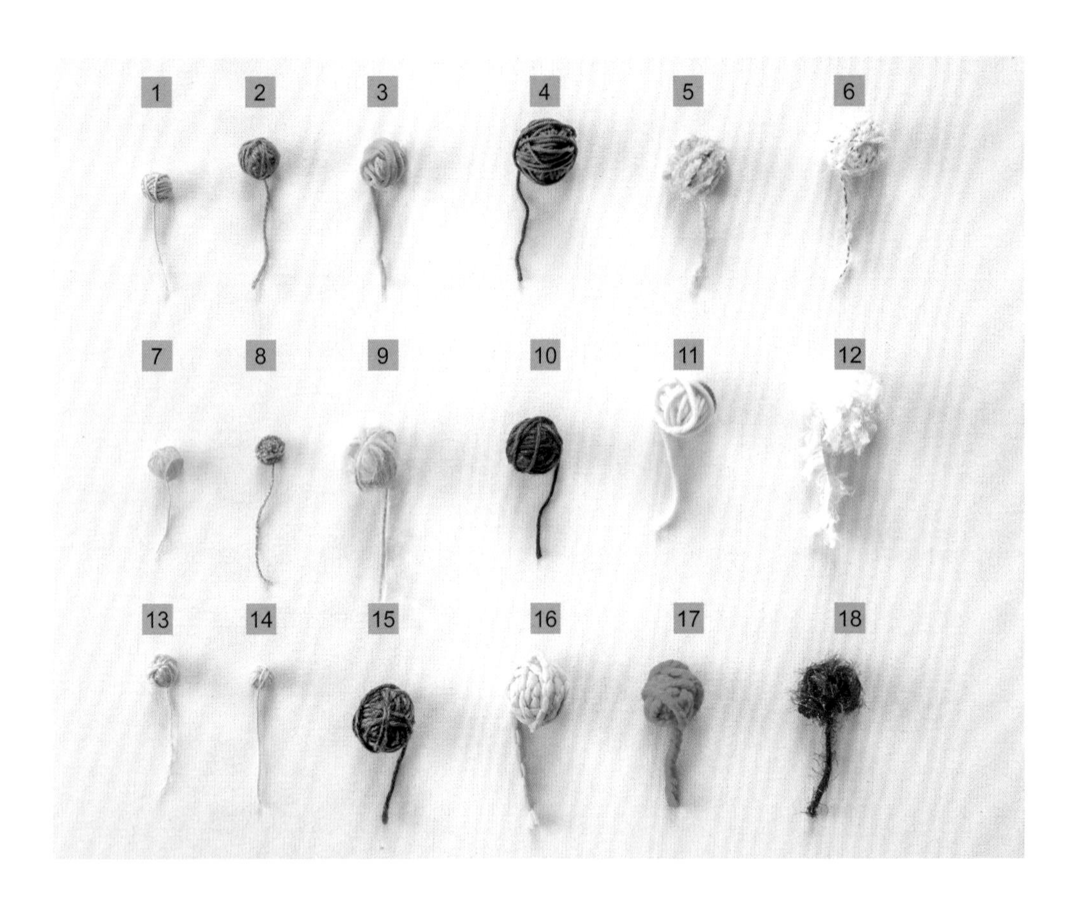

1 美國棉
2 萌美麗諾
3 公仔線
4 迷你仔
5 戀愛
6 楓葉
7 娃娃紗
8 金葱彩線
9 馬海
10 貝碧嘉
11 芙蕾雅
12 棒棒糖
13 諾古力
14 維多利亞
15 海棠
16 保羅大師抗菌紗
17 旋轉木馬
18 樹

花圈上的玩偶們

花圈上可愛的鉤織玩偶，都是先分別鉤好身體各部位，再縫合完成。鉤好各部位時，記得要先預留一段線頭作為縫合之用。大部分的玩偶都是先完成素體，再加上裝飾，請按照作法頁的說明進行。

分別鉤織各部位織片 → 縫合成玩偶素體 → 加上眼睛等製作五官 → 加上裝飾 → 完成！

有它很方便的小工具！

記號圈／段數圈

有許多樣式與尺寸，但功能都一樣，主要是標示段數或針數之用。編織段數較多時，每隔幾段掛上一個記號圈就很方便計算。剛開始學習鉤織的初學者，也可以在每段的第一針先掛上記號圈，最後若是需要鉤織引拔針，就不會挑錯針目嘍！

珠針

縫合玩偶的好幫手。無論是暫定固定待縫合部位，還是作為黏貼組合位置的標示，都很方便！

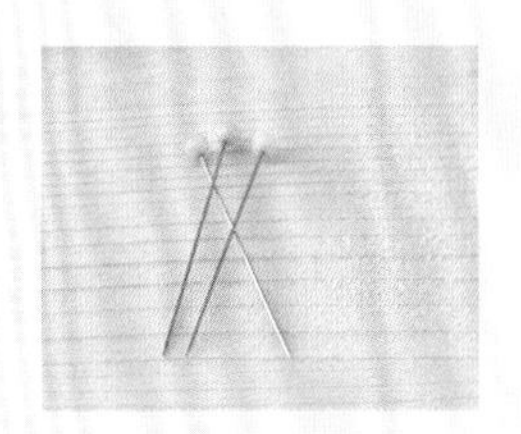

鉤織編織記號

輪狀起針的織圖

球狀或圓形織片時，通常都是以輪狀起針開始鉤織。
本書的輪狀起針有兩種形式，請見下方說明：

不鉤立起針的螺旋狀織圖

輪狀起針後，不鉤立起針，直接順著針目挑針鉤織到所需段數，這時鉤織出來的織片就會呈現連續延伸的螺旋狀。

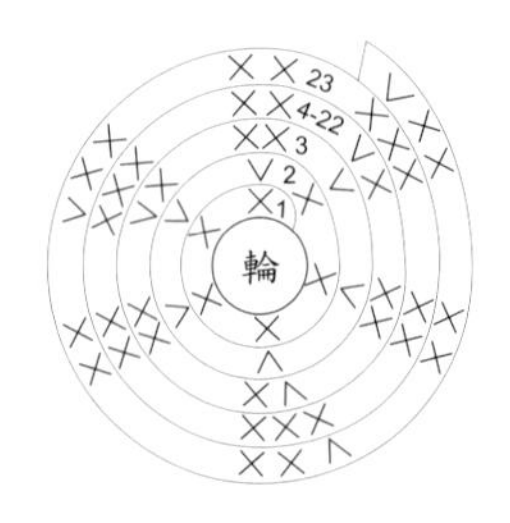

鉤織立起針的同心圓織圖

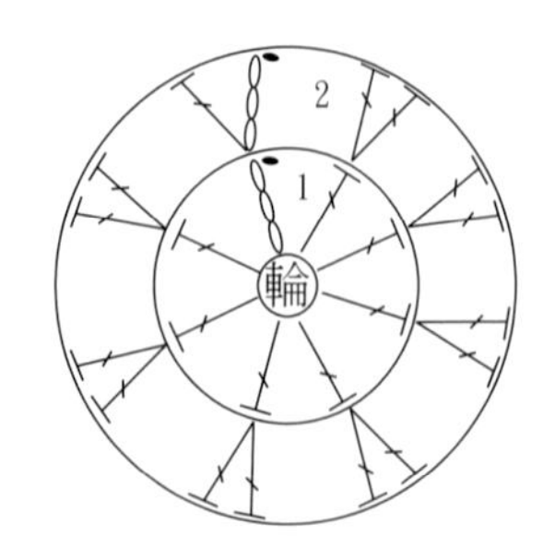

在每一段的最初鉤織立起針，再以引拔針將最後一針與第一針接合成一個完整的圓，再鉤織下一段的立起針。這時鉤織出來的織片就會呈現一圈一圈的同心圓狀。
請注意，織圖上的引拔針通常都畫在鎖針旁邊，但實際上卻是與該段第一針鉤引拔（短針需跳過立起針的鎖針），長針等立起針計入針數的針目，3 鎖針視為 1 針長針，所以是挑第 3 個鎖針鉤引拔針。而下一段的第 1 針，也是在同樣的第 1 針上挑針。

鎖針起針的織圖

因為直到立起針為止都是鎖針，所以常有人混淆鎖針起針的針數。
實際上可分為三階段說明：
起針處：1 針鎖針，收緊線頭用，不計入針數。
鎖針起針：所有鉤織書上的起針數都是指這段。
立起針：依針目種類包含基底針目與立起針，**不計入起針針目內**。

橢圓形織片

起針處
這裡會有一針不計入針數的鎖針，因為要避免線頭鬆脫而拉緊，所以針目很小，通常織圖上也不會畫出來。

2
1

第 1 段的立起針
這三針鎖針是轉彎開始鉤織第 1 段的立起針，除短針的一鎖立起針不能計入針數外，中長針、長針等的立起針皆視為第 1 針。

長方形織片

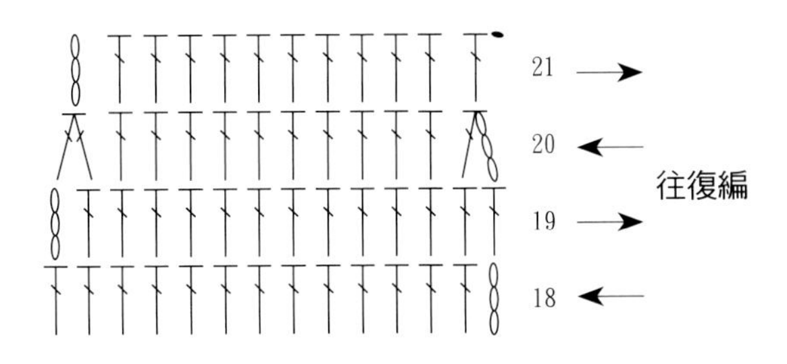

像這樣立起針一左一右的織圖，就表示這是一正一反來回編織的往復編。鉤完一段之後，在尾端鉤織下一段的立起針，同時將織片翻面再繼續鉤織的織法。

圓形織片

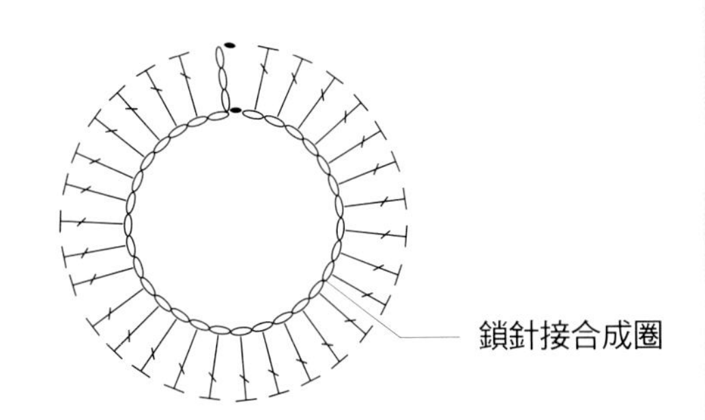

這是先鉤織一段鎖針，再將頭尾鎖針以引拔針接合成圈，接著才在鎖針上挑針鉤織的作法。

必知鉤織基礎～基礎針法

鎖針起針

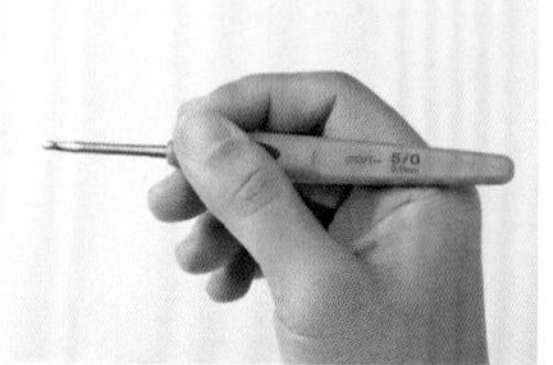

1 右手拇指和食指輕輕拿起鉤針，中指抵住側邊輔助。

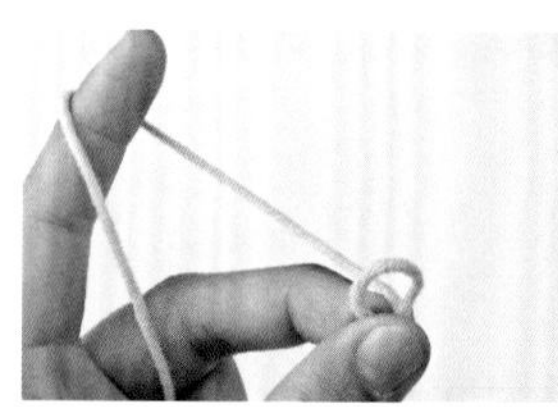

2 將織線繞出一個圈後，捏住交叉處。

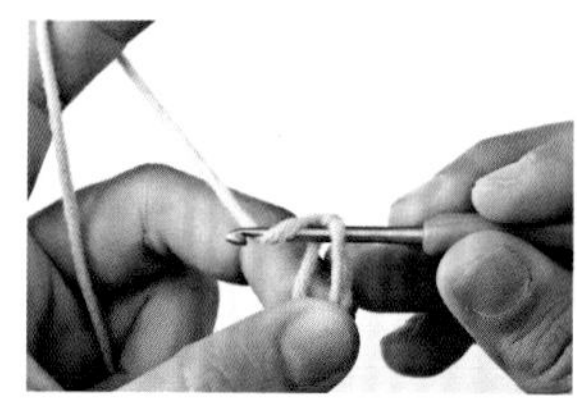

3 鉤針穿過線圈，如圖掛線。

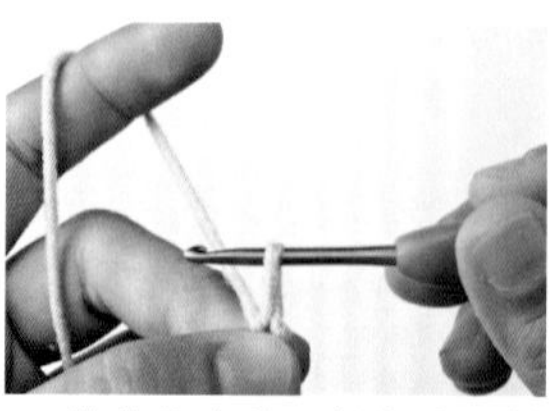

4 將線鉤出後，拉住線頭使步驟 2 的線圈收緊。

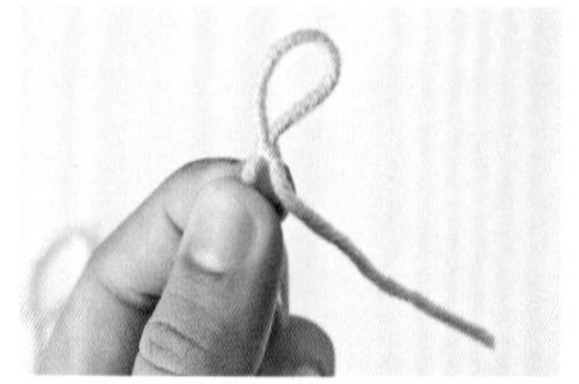

5 完成起針（起針處，這 1 針不算在針數內）。

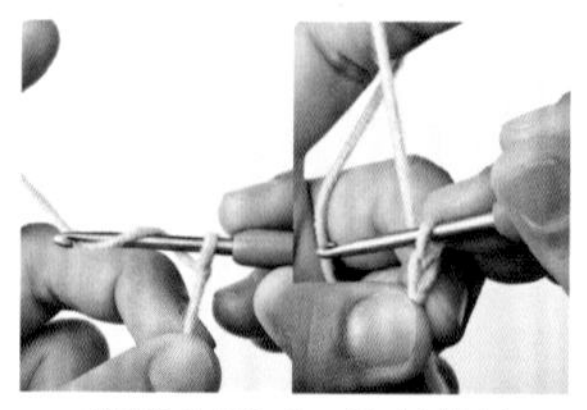

6 接續步驟 4，鉤針掛線，將線鉤出針上線圈，完成 1 針鎖針。

7 重複步驟 6，直到鉤織完所需針數。

輪狀起針

第一段為短針的情況

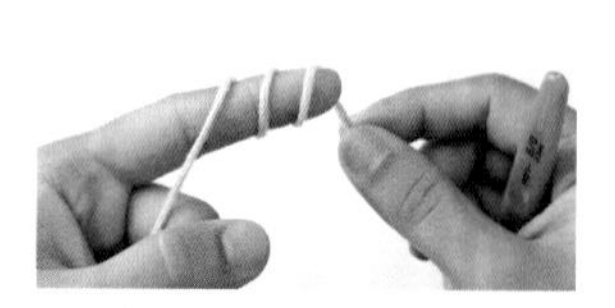

1 線在手指上繞 2 圈。

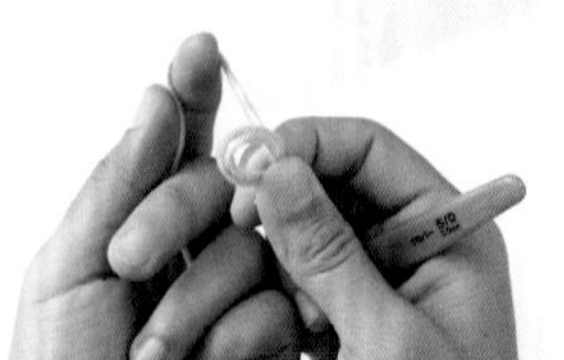

2 以拇指和中指壓住線圈交叉處。

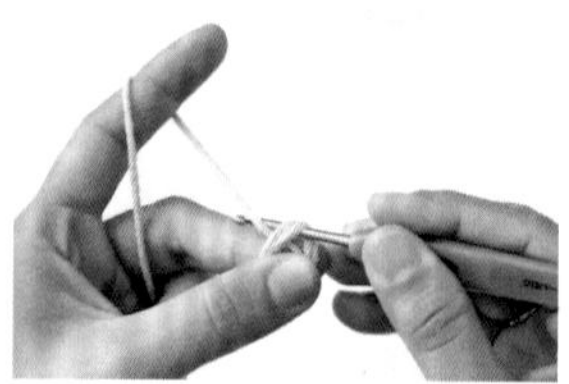

3 鉤針如圖穿過輪，將線鉤出。

鎖針

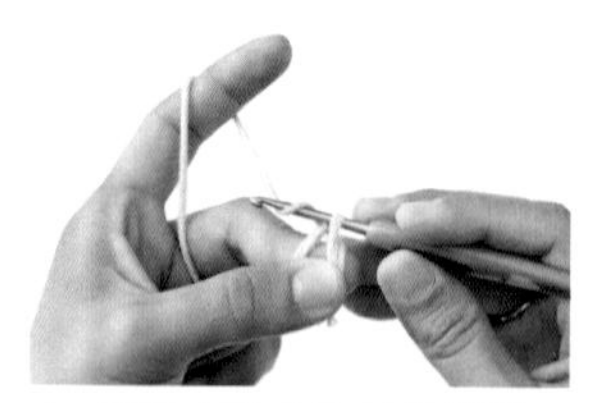

4 織第 1 段立起針的鎖針，鉤針如圖掛線後將線鉤出，穿過掛在針上的線圈。

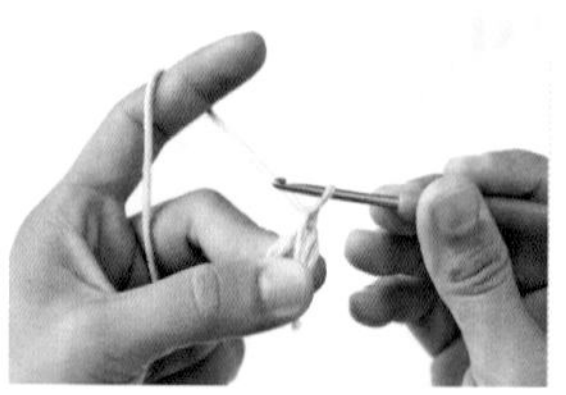

5 完成 1 針鎖針（第 1 段短針的立起針，這 1 針不算在針數內）。

短針

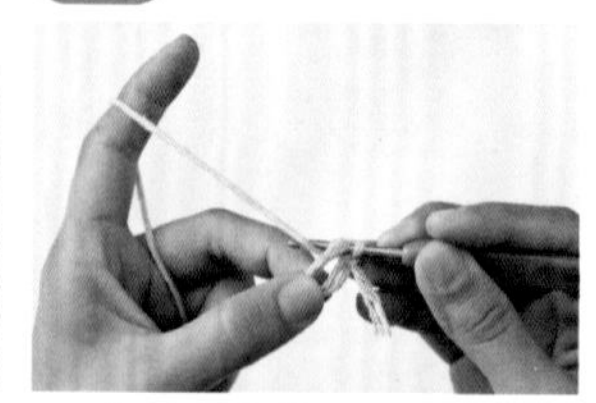

6 在輪中鉤織短針。鉤針穿入輪中，掛線鉤出。此時針上掛著兩個線圈。

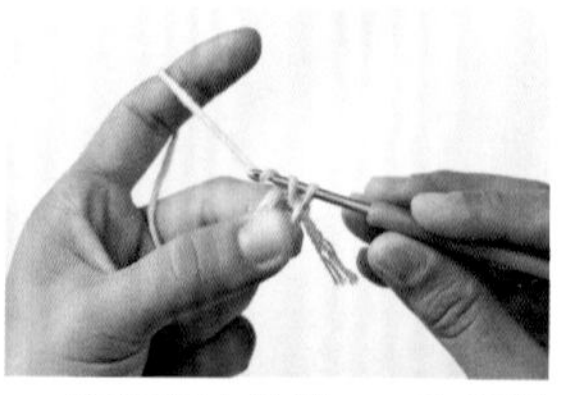

7 鉤針再次掛線，一次穿過鉤針上的兩線圈。

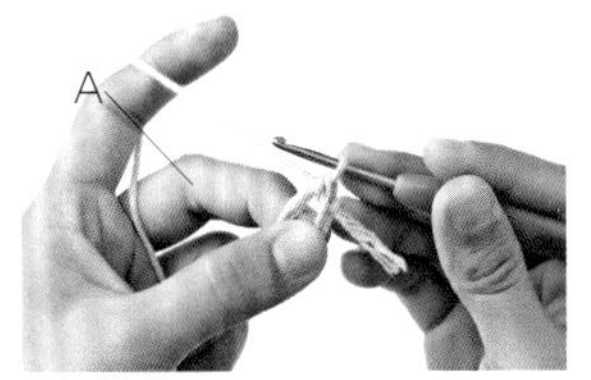

8 完成 1 針短針。

9 重複步驟 6 ～ 7，鉤織必要的短針數。接著拉下方的 B 線，使上方的 A 線收緊。

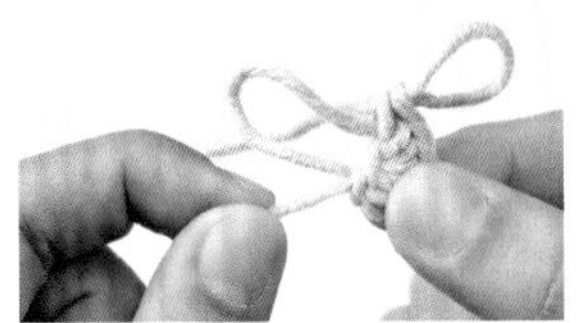

10 再拉線頭收緊 B 線，使短針針目縮小成一個環。

引拔針

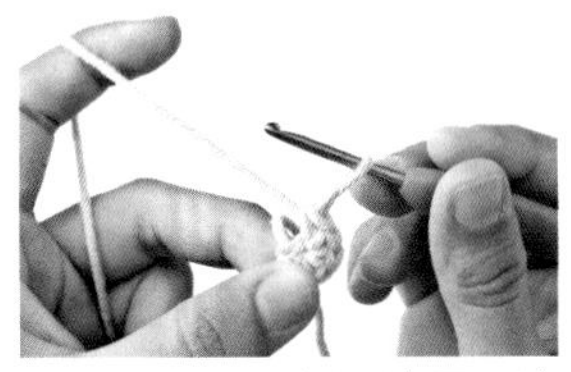

11 鉤針如圖穿過線圈，準備鉤織引拔針完成第 1 段。

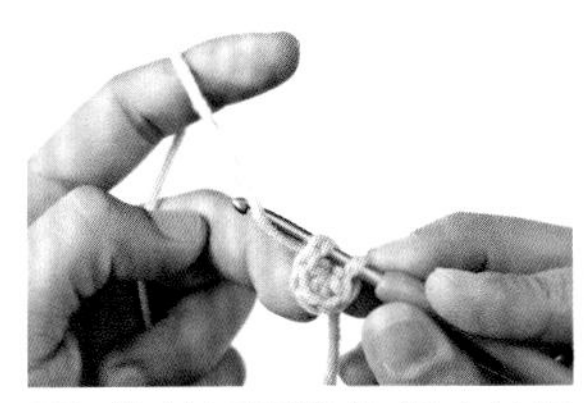

12 鉤針如圖穿入第 1 針短針，掛線鉤出穿過短針與鉤針上的線圈。

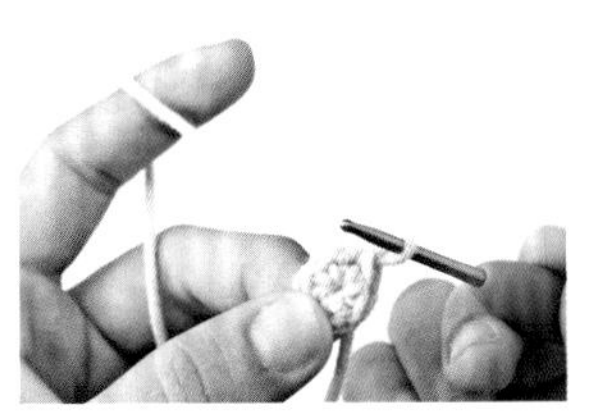

13 完成接合第 1 段頭尾的引拔針。第 1 段鉤織完畢。

第一段為短針的情況
這是先將一段鎖針頭尾接合成圈，再於鎖針上挑針鉤織短針的織法。

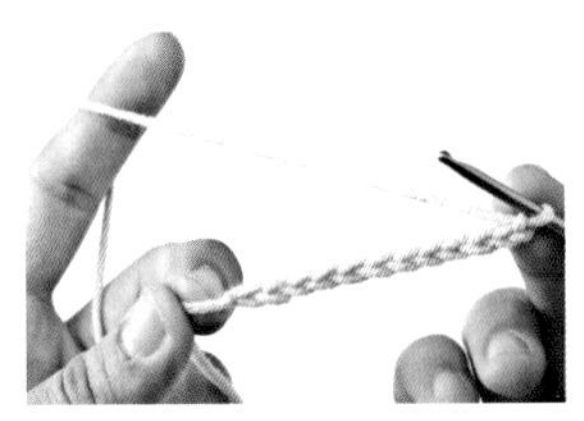

1 鎖針起針鉤織必要針數。

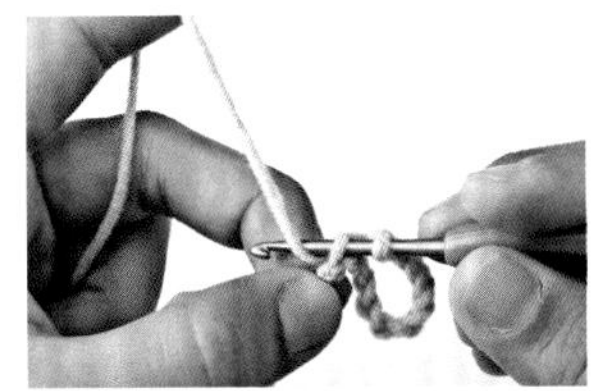

2 鉤針穿入第 1 針，掛線鉤引拔針。

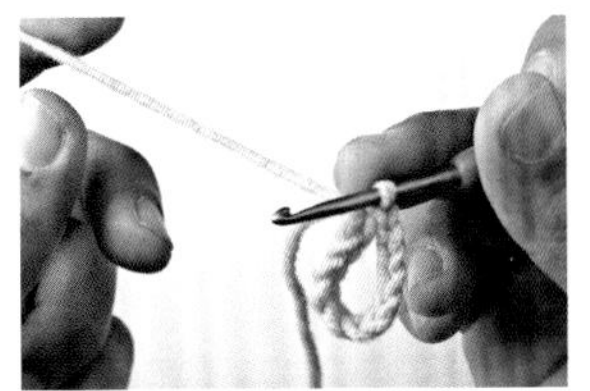

3 頭尾接合成圈。

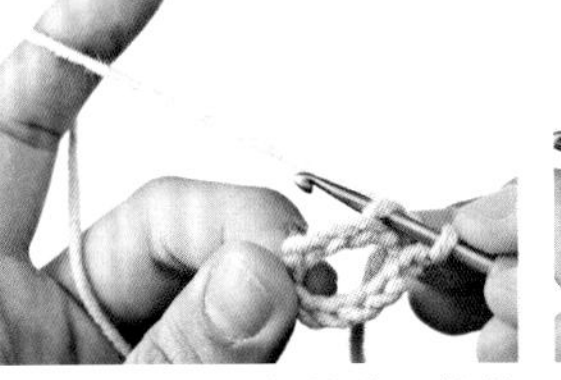

4 先織一個立起針後，接著鉤織短針。同樣在第 1 針鎖針上挑針，掛線鉤出。

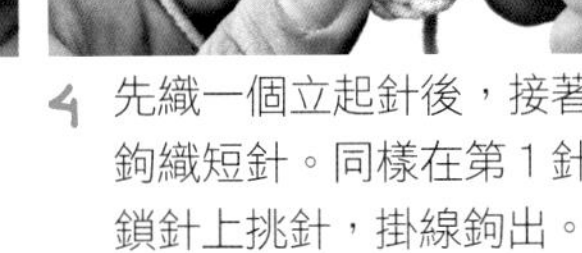

5 鉤針再次掛線，一次鉤出穿過鉤針上的兩線圈，完成一針短針。

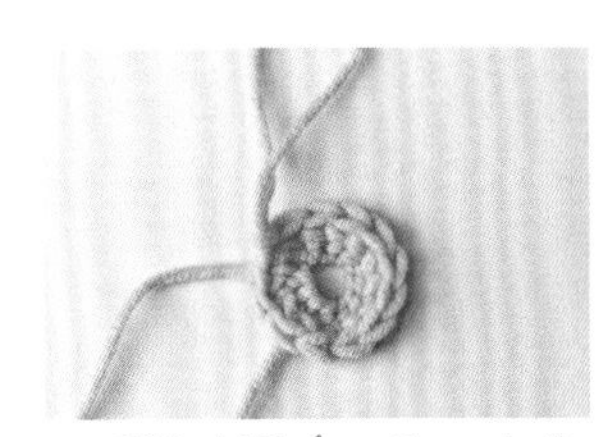

6 重複步驟 4．5 ，完成第 1 段的短針。

鎖針起針的情況

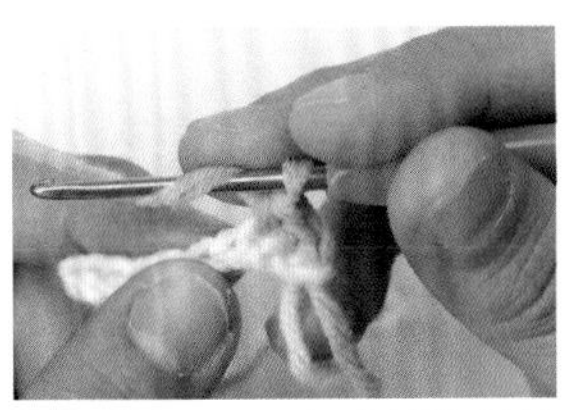

1 參考 P.40 完成鎖針起針的必要針數後，先在鉤針上掛線。

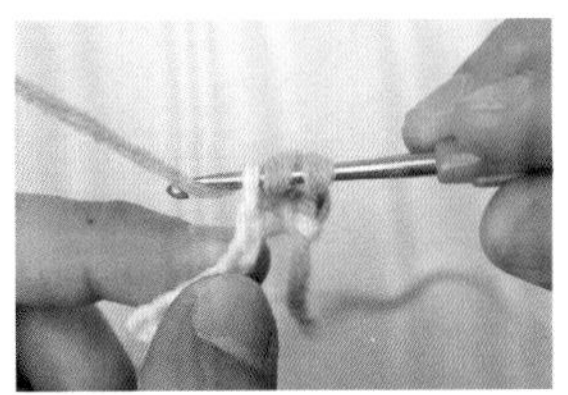

2 鉤針挑鎖針半針，掛線。

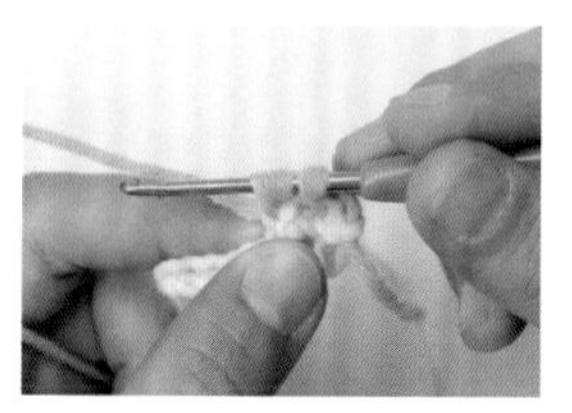

3 鉤出織線，此時針上有 3 個線圈。

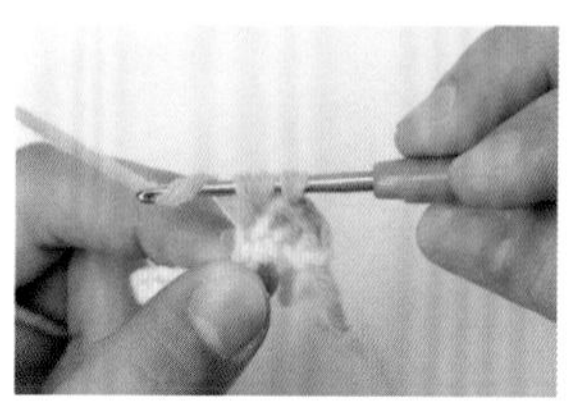

4 鉤針再次掛線鉤出，一次穿過針上 3 線圈。

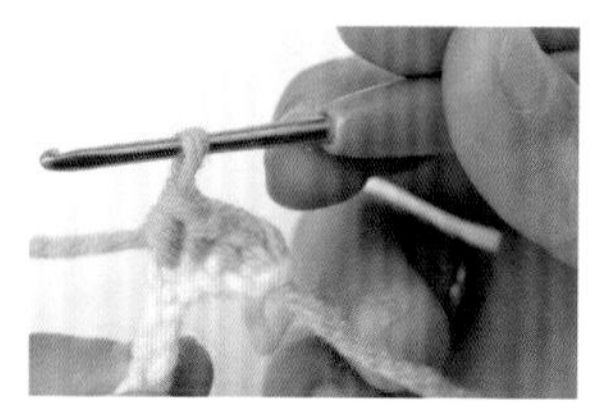

5 完成一針中長針。

中長針的針目高度是 2 鎖針，因此當鉤織段的第一針是中長針時，要先鉤 2 針鎖針作為立起針。立起針算 1 針。

鎖針起針的情況

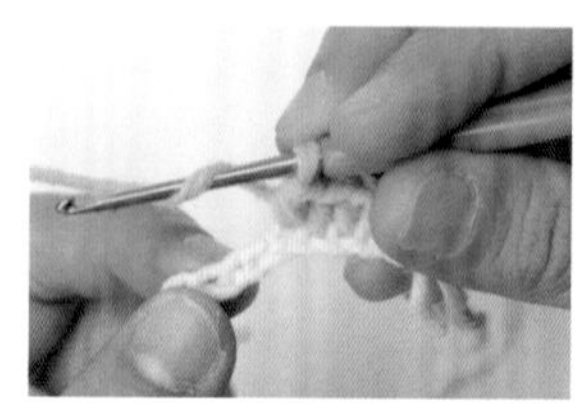

1 先在鉤針上掛線。

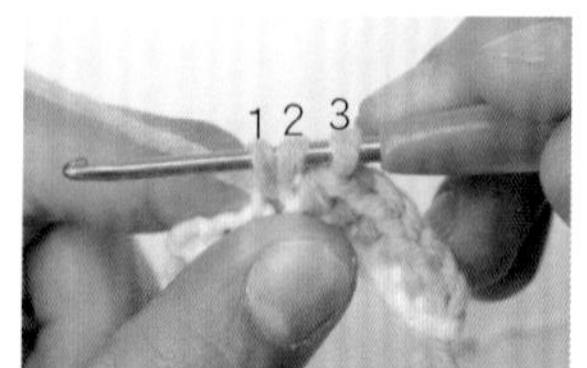

2 鉤針挑鎖針半針，掛線鉤出。此時針上有 3 個線圈。

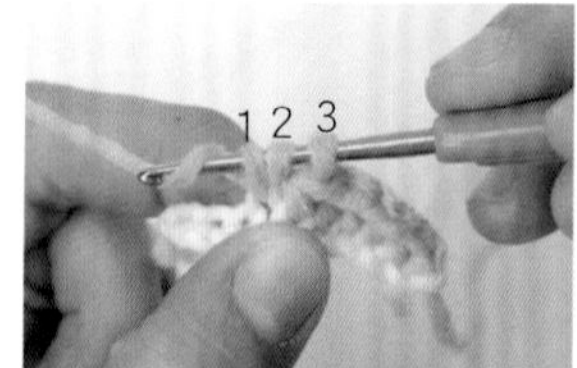

3 鉤針再次掛線，一次穿過圖上 1 與 2 兩線圈。

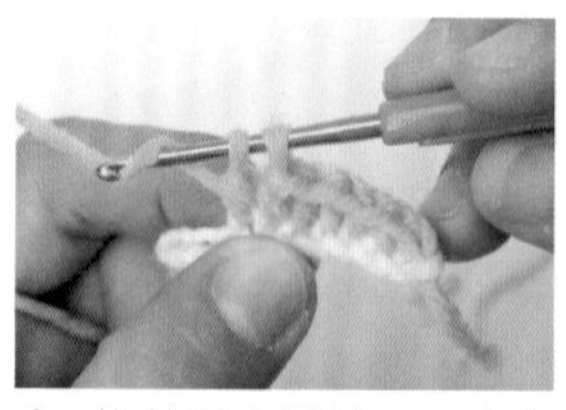

4 鉤針再次掛線，一次穿過針上 2 線圈。

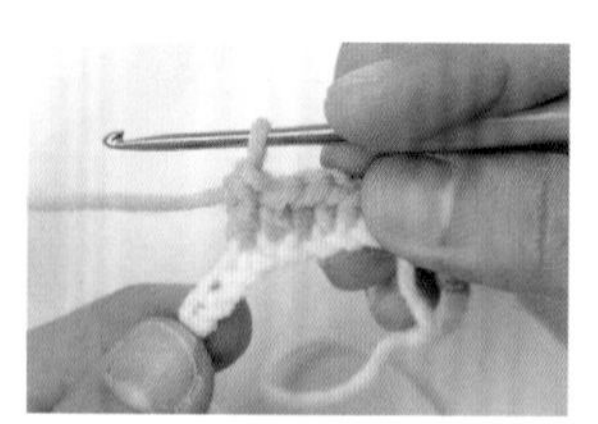

5 完成一針長針。

長針的針目高度是 3 鎖針，因此當鉤織段的第一針是長針時，要先鉤 3 針鎖針作為立起針。立起針算 1 針。

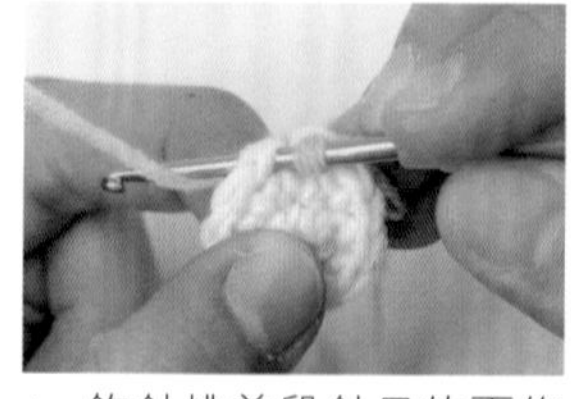

1 鉤針挑前段針目的兩條線，掛線鉤織短針（參考 P.40 步驟 6、7）。

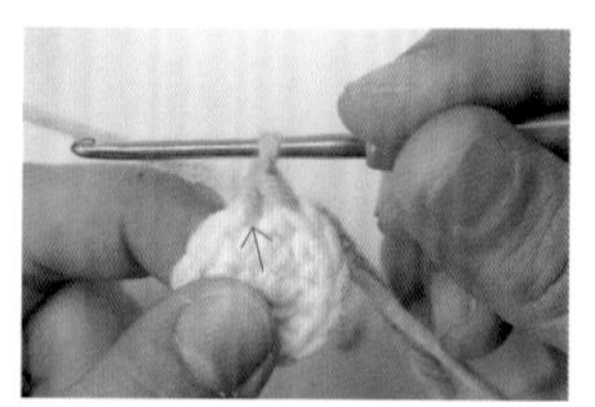

2 完成 1 針短針後，鉤針再次穿入同樣針目，鉤織短針。

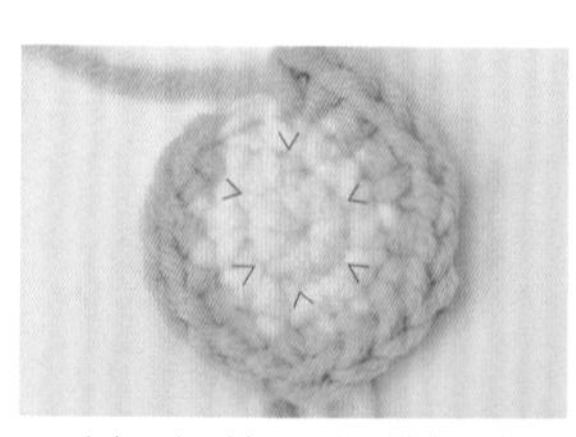

3 以 1 短針 +2 短針加針鉤織，從 12 針擴展至 18 針的織片模樣。

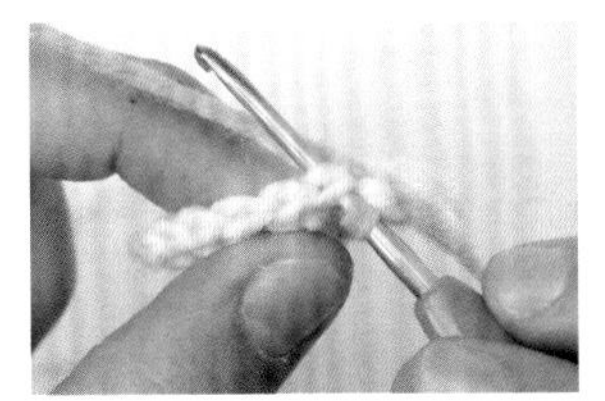

1 鉤針挑前段針目的兩條線。

2 鉤針掛線鉤出。

3 鉤好 1 針未完成的短針。

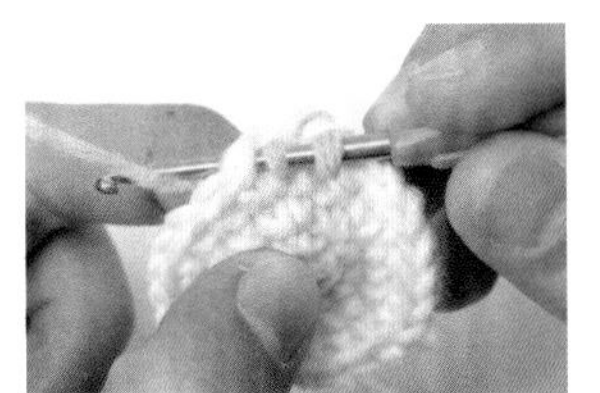

4 鉤針直接挑下 1 個針目，同樣掛線鉤出。

5 此時針上掛著 2 針未完成的短針，與原有的線圈。鉤針掛線，一次引拔穿過針上 3 個線圈。

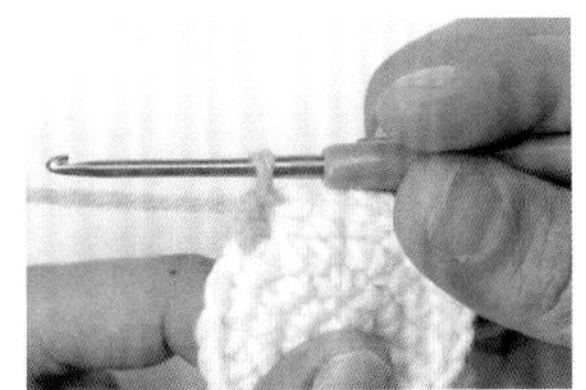

6 完成 2 短針併針（減一針）。

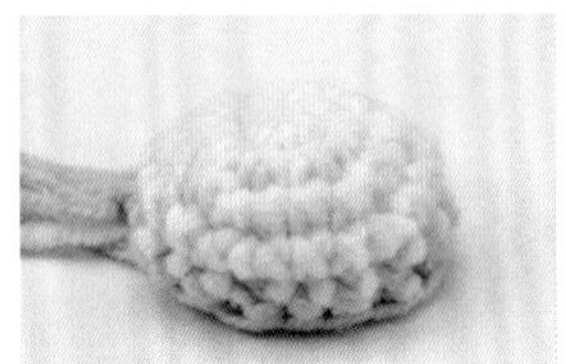

7 完成一段針目從 24 針減少至 18 針，使織片縮小的模樣。

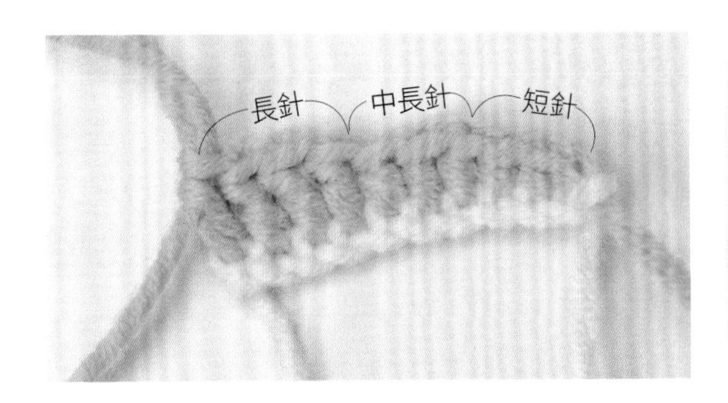

短針・中長針・長針的針目高度

針目高度以鎖針為單位，同時也等於立起針的針數。1 短針高度為 1 鎖針，1 中長針高度為 2 鎖針，1 長針高度為 3 鎖針。除短針的 1 鎖立起針不計入針數外，其他 2 鎖以上的立起針皆算 1 針。

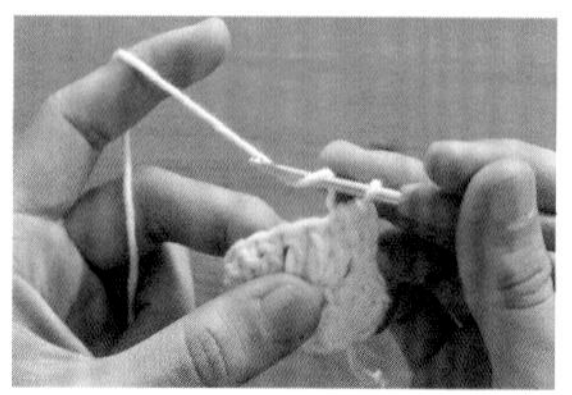

1 如圖示，先在鉤針上掛線。之後穿入針目，掛線鉤出。完成一針「未完成的中長針」。

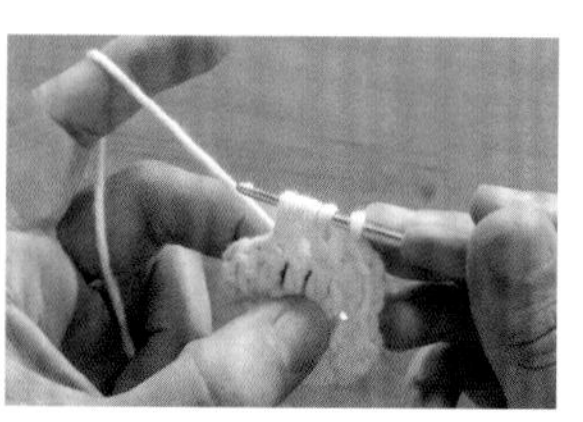

2 鉤針再次掛線，直接在下一針挑針，掛線鉤出，完成第二針「未完成的中長針」。

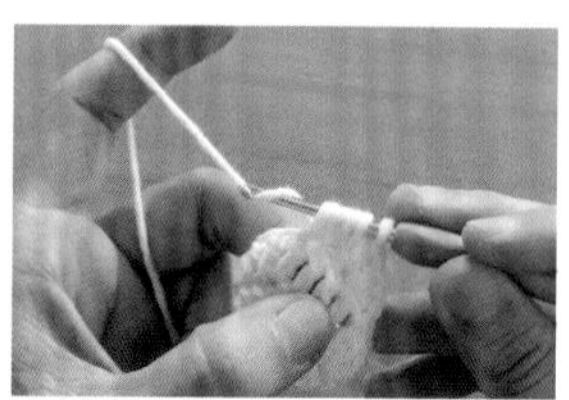

3 鉤針掛線，一次引拔穿過掛在針上的 5 個線圈。

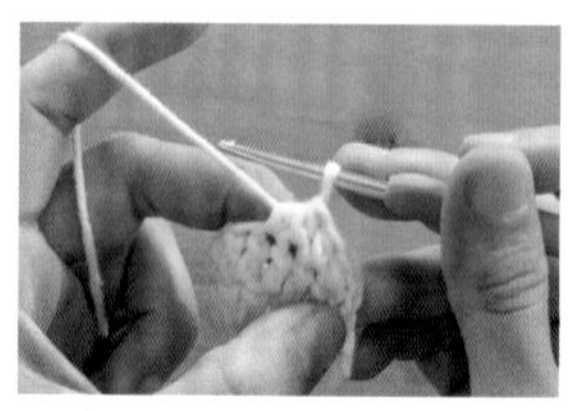

4 將 2 針中長針併為一針，完成減針。

其他針法的加針 & 減針

各種針法的加針與減針法，鉤織訣竅都與短針相同。加針就是在同一針目挑針，鉤入兩針或更多的指定針數。減針就是連續挑針，鉤織未完成的針目再一次引拔，收成一針。

※ 未完成的針目：針目再經過一次引拔，即可完成的狀態。

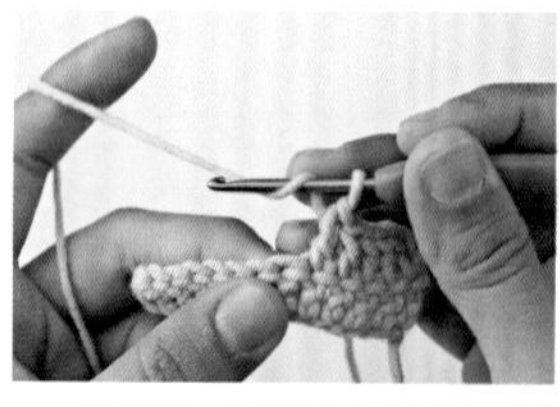

1 鉤針掛線後穿入針目，掛線鉤出。

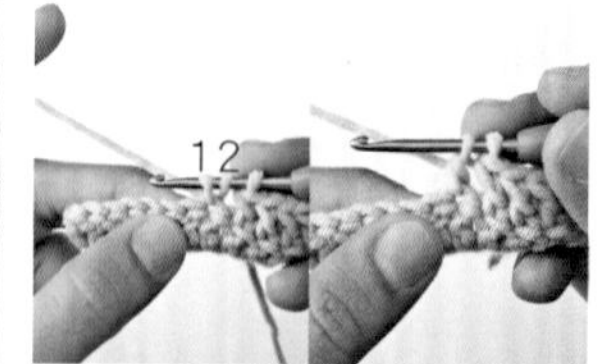

2 鉤針再次掛線，引拔鉤針上的 1 與 2 兩線圈，完成「未完成的長針 1 針」。

3 鉤針再次掛線，直接在下一針挑針，掛線鉤出。

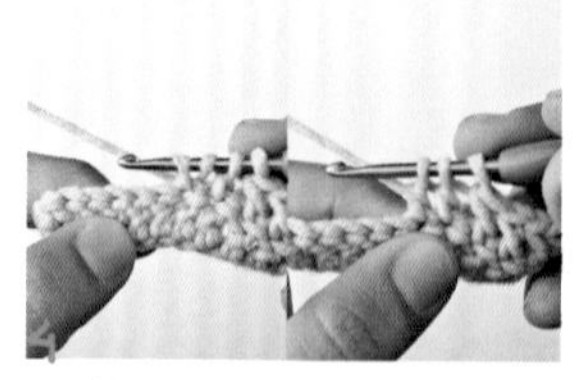

鉤針再次掛線，引拔鉤針上的 1 與 2 兩線圈，完成第二針「未完成的長針」。

5 鉤針再次掛線，一次引拔穿過針上三線圈。

6 將 2 針長針併為一針，完成減針。

畝針

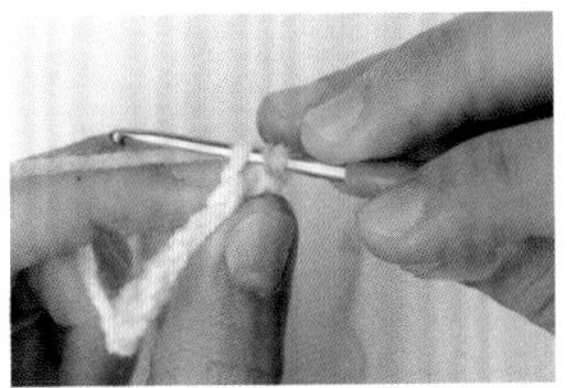

1 畝針的織法同短針，但鉤針只挑前段針目的外側半針（一條線）。

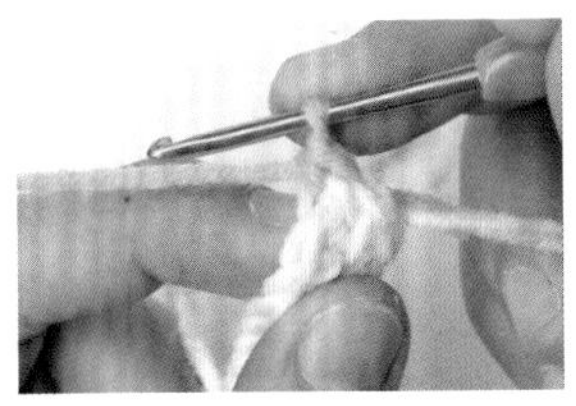

2 鉤針掛線，鉤織短針（參考P.40步驟 6、7）。完成1針畝針。

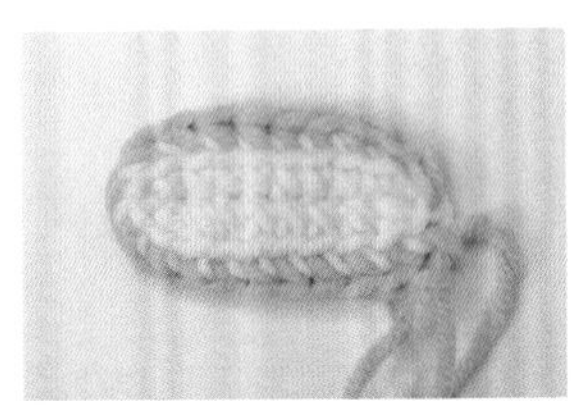

3 由於只挑外側半針，因此內側半針會在表面呈現浮凸的線條。

換線&收線

換線鉤織整段

整段換線時，從最後的引拔針或最後一針開始鉤織。

1 左手改掛替換的色線，線頭以中指壓住，鉤針穿入該段第1針掛線，鉤織該段的引拔針。

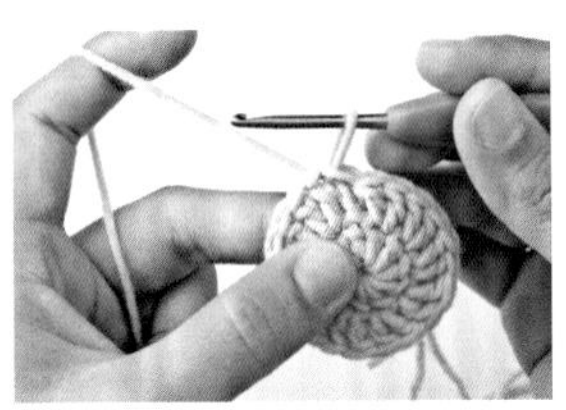

2 完成接合該段頭尾的引拔針。

收線

3 示範織片為長針，因此鉤織作為立起針的三針鎖針。

4 按織圖繼續鉤織，換線完成一段的模樣（正面）。

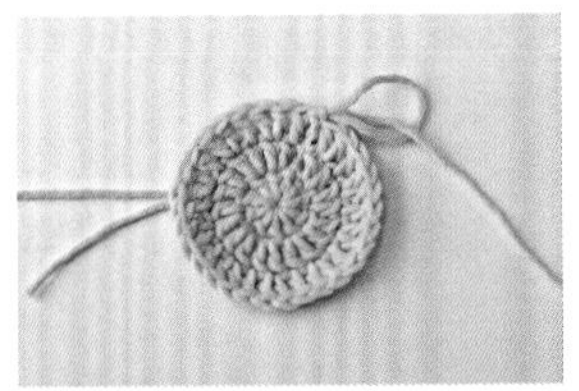

5 收針時，先將線頭穿入線圈後拉緊。

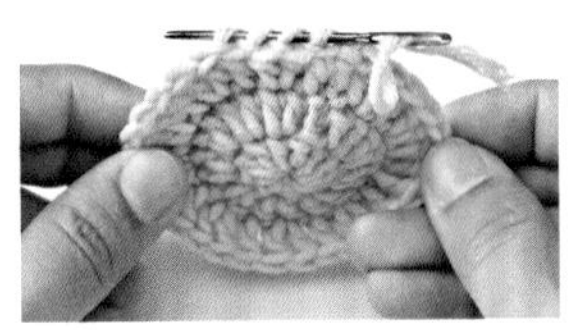

6 接著將線穿入毛線針，如圖示在邊緣內側挑針藏線，最後將多餘線段剪掉即可。

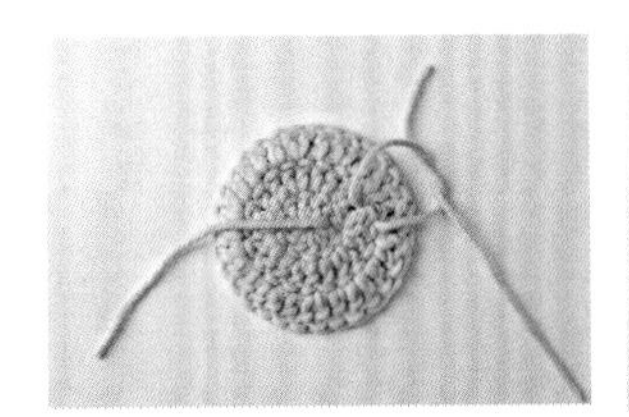

7 換線處則是先將兩色線頭打結。

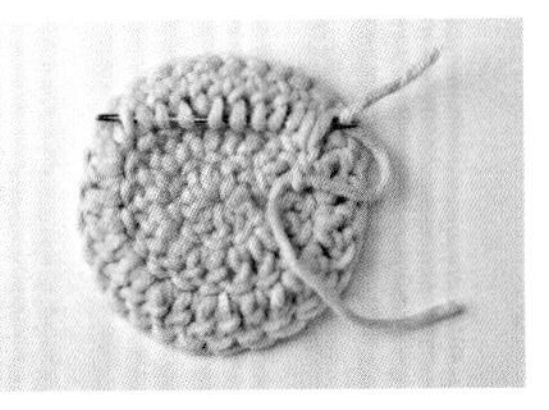

8 同步驟6的技巧，在背面挑針，藏起兩線頭後剪線。

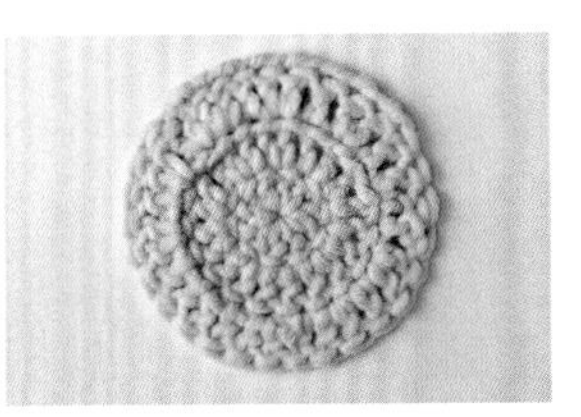

9 收線完成的模樣（背面）。

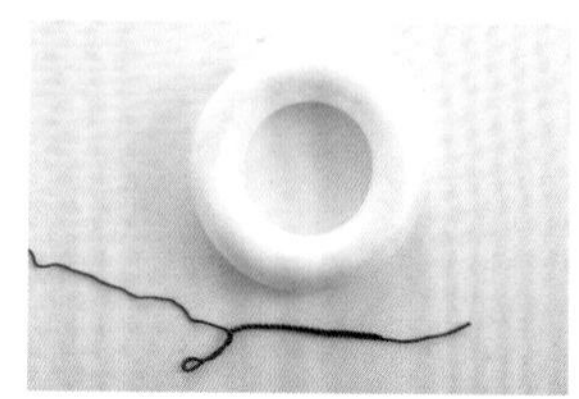

1 依作法頁花圈主體，鉤織必要的鎖針數（起針）。

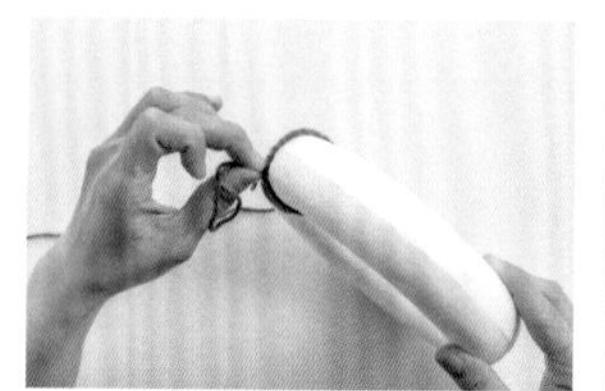

2 實際比對保麗龍圈，確定長度足以環繞整個花圈（實測之際請勿過度拉緊）。

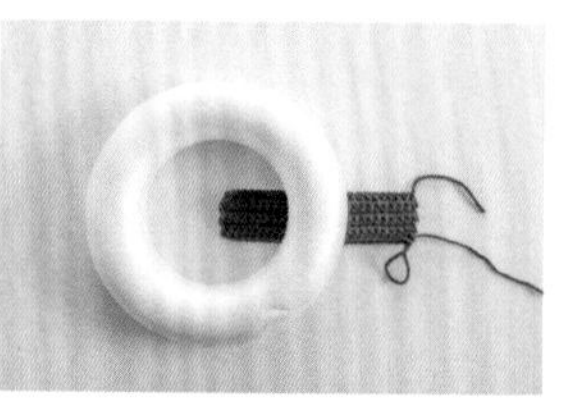

3 以往復編（參見P.39）鉤織短針。主體織片將以左右包覆的形式包裹保麗龍圈。

4 依作法鉤織必要段數，中途可適時比對織片是否足夠。織片長度可完整包覆保麗龍圈時，如圖示以珠針固定。

5 準備縫合織片，預留約花圈圓周2倍的線長，線頭穿入毛線針。如圖示挑縫針目，縫合織片。

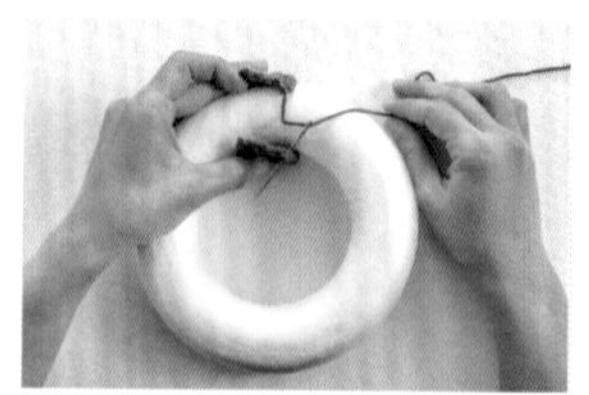

6 一目對一目挑針縫合，小心不要縫歪嘍！

1 以左手大拇指壓住線頭固定，右手從花圈中取出毛線球。

2 擔心鬆掉亦可貼上膠帶固定。

3 重複進行上述繞線步驟，直到保麗龍圈整個被包覆。

4 完成繞線後剪線，線頭穿入毛線針。

5 將線段帶到遠一點的地方穿出。

6 剪去多餘線段，完成！

一起動手
織玩偶．作花圈

P.08

可愛招財狗

線材 迷你仔／土黃（11）、白色（01）
貝碧嘉／草綠（06）
戀愛／卡其（09）
娃娃紗／米白（13）

工具 3/0 號・5/0 號・6/0 號鉤針、毛線針

尺寸 保麗龍圈外徑 18cm

其他 12mm 黑色平底半圓 2 個、15mm 三角鼻 1 個

作法 參照 P.46 作法，以貝碧嘉鉤織片狀織片，完成後將保麗龍圈包覆其中，織片兩側對齊縫合，再併縫頭尾銜接處，完成花圈主體。
依織圖分別鉤織狗頭及其五官後縫合。將鉤好的骨頭套入雞腿內，以雞腿預留織線接合兩者後，以熱融膠固定於花圈適當位置，完成！

狗頭　1個

段	針數	加減針	顏色
25	6	－6針	迷你仔・土黃
24	12	－6針	
23	24	－6針	
22	30	不加減	
21	30	－5針	
19～20	35	不加減	
18	35	－7針	
15～17	42	不加減	
14	42	－7針	
13	49	不加減	
11～12	49	不加減	迷你仔・米白
10	49	＋7針	
8～9	42	不加減	
7	42	＋6針	
6	36	＋6針	
5	30	＋6針	
4	24	＋6針	
3	18	＋6針	
2	12	＋6針	
1	6	輪狀起針	

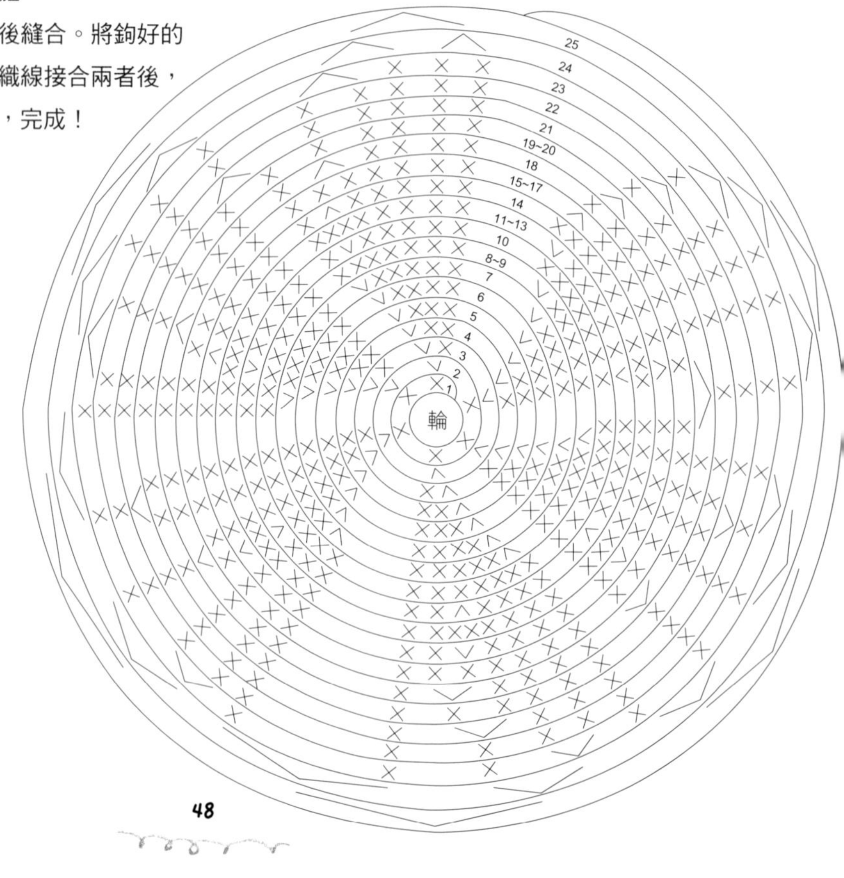

狗鼻子　1個／迷你仔・米白

段	針數	加減針
4	18	不加減
3	18	＋6針
2	12	＋6針
1	6	輪狀起針

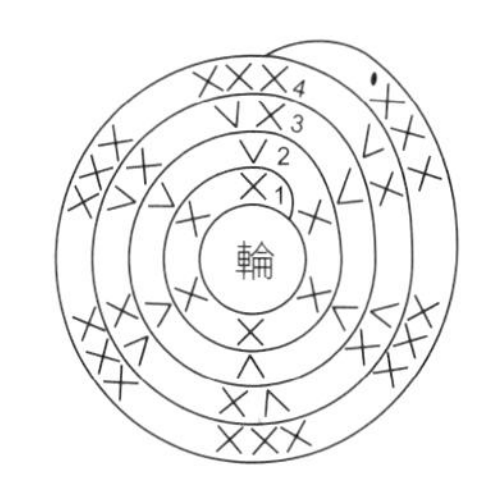

花圈本體　1個／貝碧嘉・草綠

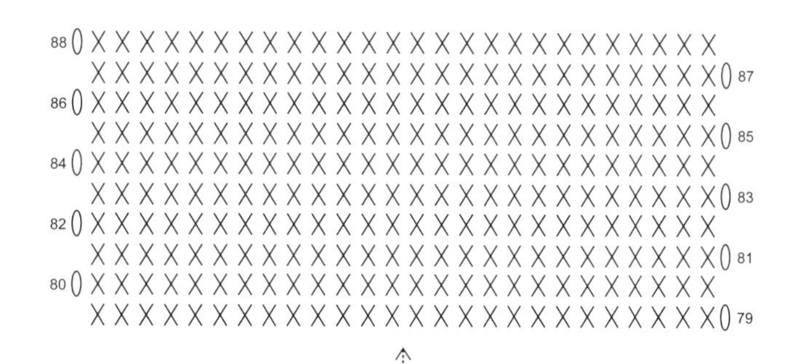

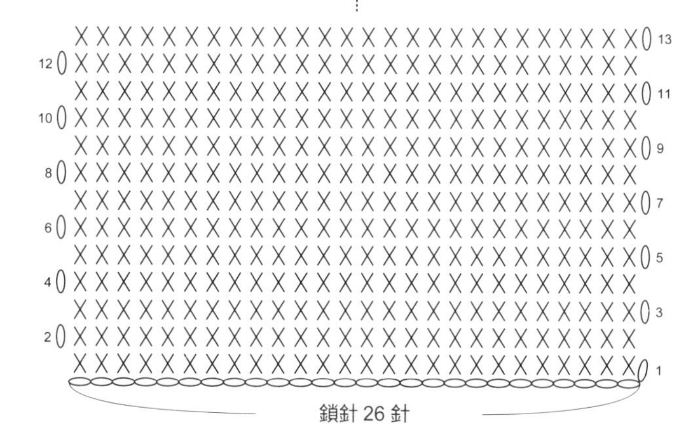

狗耳朵　2個／迷你仔・土黃

段	針數	加減針
6	15	＋3針
4～5	12	不加減
3	12	＋4針
2	8	＋4針
1	4	輪狀起針

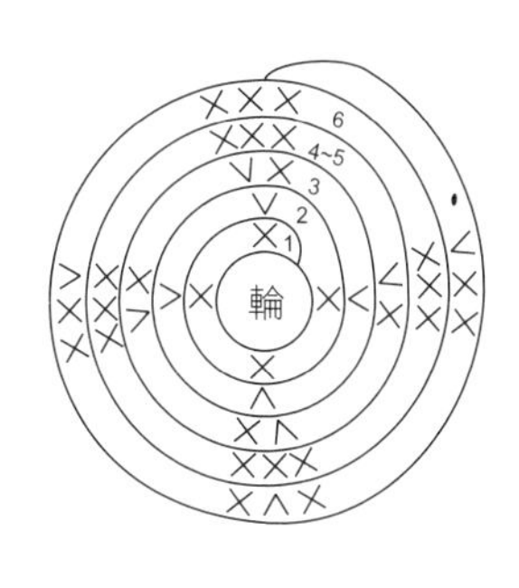

狗眉毛　2個／迷你仔・米白

鎖針起針5針，在鎖針上鉤4針短針。

大雞腿　1個／戀愛・卡其

段	針數	加減針
10	12	－6針
4～9	18	不加減
3	18	＋6針
2	12	＋6針
1	6	輪狀起針

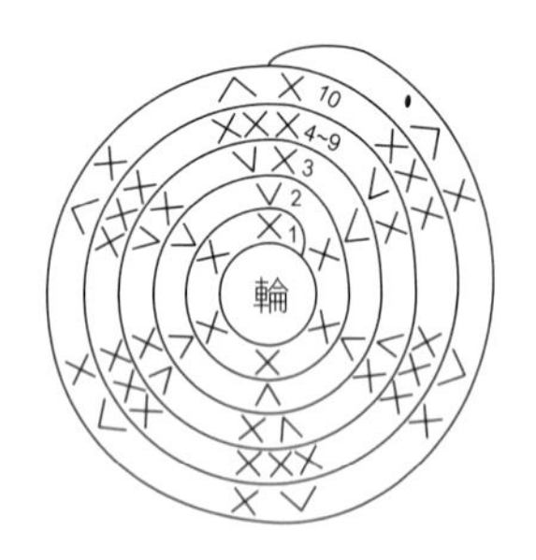

小雞腿　1個／戀愛・卡其

段	針數	加減針
7	12	－6針
4～6	18	不加減
3	18	＋6針
2	12	＋6針
1	6	輪狀起針

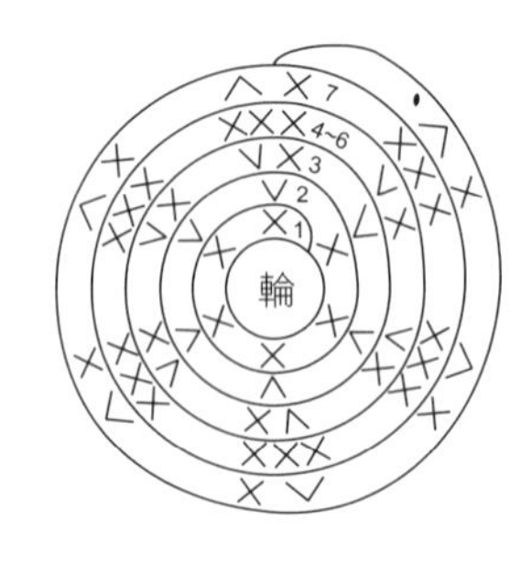

大骨頭　1個／娃娃紗・米白

段	針數	加減針
6～10	10	不加減
5	10	合併兩骨頭前端
4	5	－5針
3	10	不加減
2	10	＋5針
1	5	輪狀起針

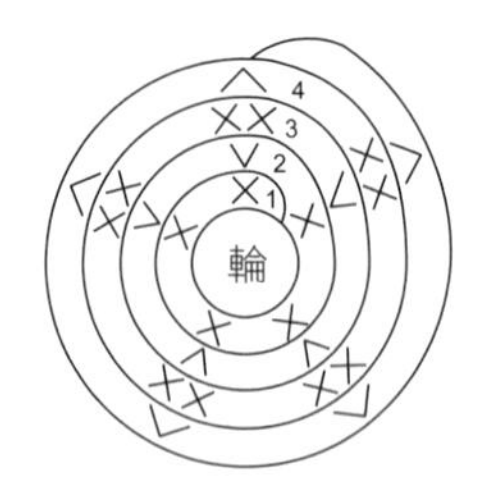

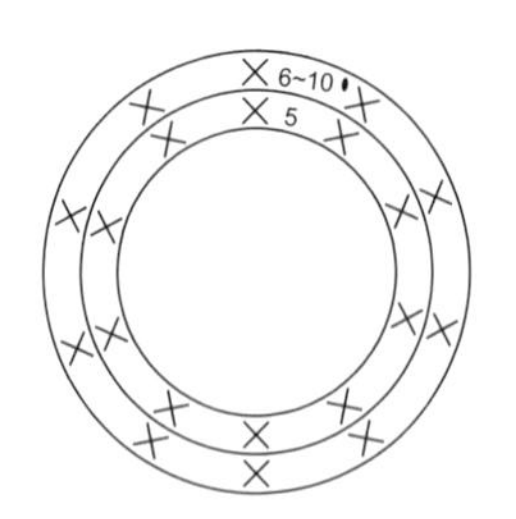

小骨頭　1個／娃娃紗・米白

段	針數	加減針
6～8	8	不加減
5	8	合併兩骨頭前端
4	4	－4針
3	8	不加減
2	8	＋4針
1	4	輪狀起針

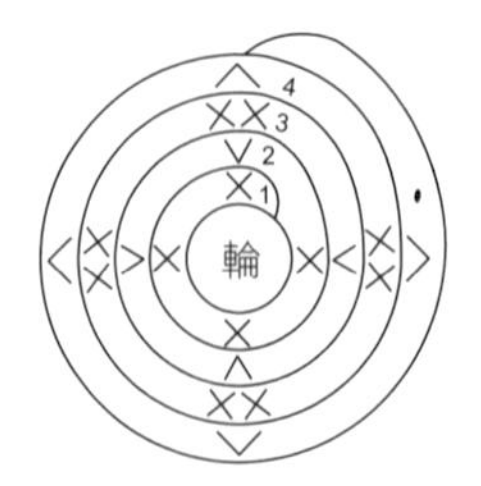

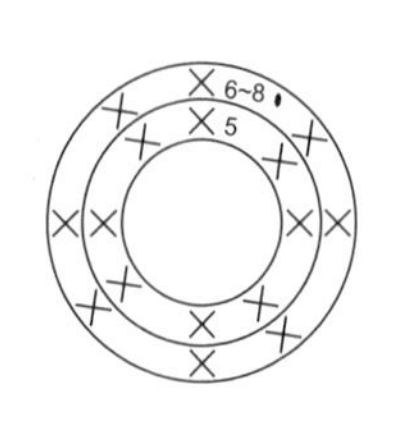

02 P.10 貓咪玩毛線

線材 芙蕾雅／白（01）
貝碧嘉／咖啡（26）、土黃（37）、
淺褐（21）、芥末黃（27）

工具 5/0 號鉤針、毛線針

尺寸 保麗龍圈外徑 25cm

其他 16mm 黑色平底半圓 4 個、各色小藤球 5 個

作法 參照P.46作法，以芙蕾雅毛線鉤織片狀織片，完成後將保麗龍圈包覆其中，織片兩側對齊縫合，再併縫頭尾銜接處，完成花圈主體。依織圖製作貓咪頭部，最後 36 針朝上，塞入棉花後壓扁對縫。分別完成貓咪其他部位並組合，以熱融膠固定於花圈適當位置，黏上小藤球裝飾，完成！

花圈本體　1個／芙蕾雅・白

共織 116 段

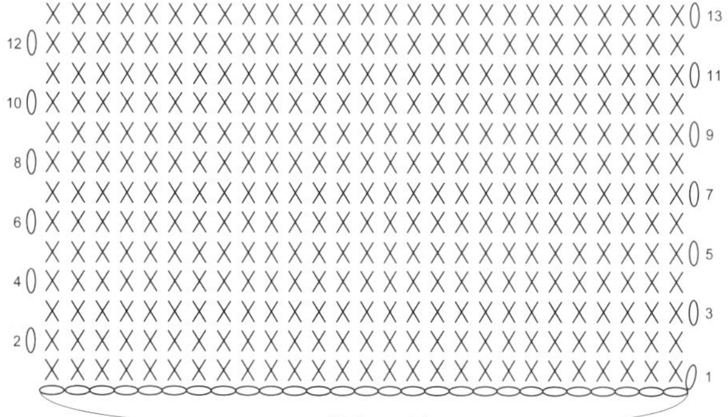

鎖針 27 針

尾巴　2個
貝碧嘉・咖啡、淺褐各1

段	針數	加減針
2～7	4	不加減
1	4	輪狀起針

貓咪頭　2個
貝碧嘉・咖啡、淺褐各1

段	針數	加減針
7～17	36	不加減
6	36	＋6針
5	30	＋6針
4	24	＋6針
3	18	＋6針
2	12	＋6針
1	6	輪狀起針

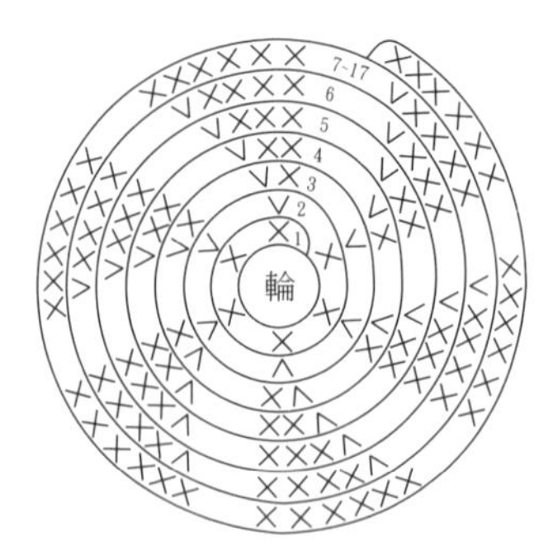

走路貓咪身體　1個／貝碧嘉・淺褐

・鎖針起針28針，在鎖針上鉤織一圈短針，接著依織圖加針，鉤至第6段。
・在第6段指定位置接線，鉤織13針短針，以往復編進行5段。往復編最終段與第6段對齊縫合（粗線部分），完成腹部。
・依圖示接縫前、後各2針，形成腳部接口。前腳挑9針，以輪編鉤織7段短針。後腳挑8針，以輪編鉤織7段短針。

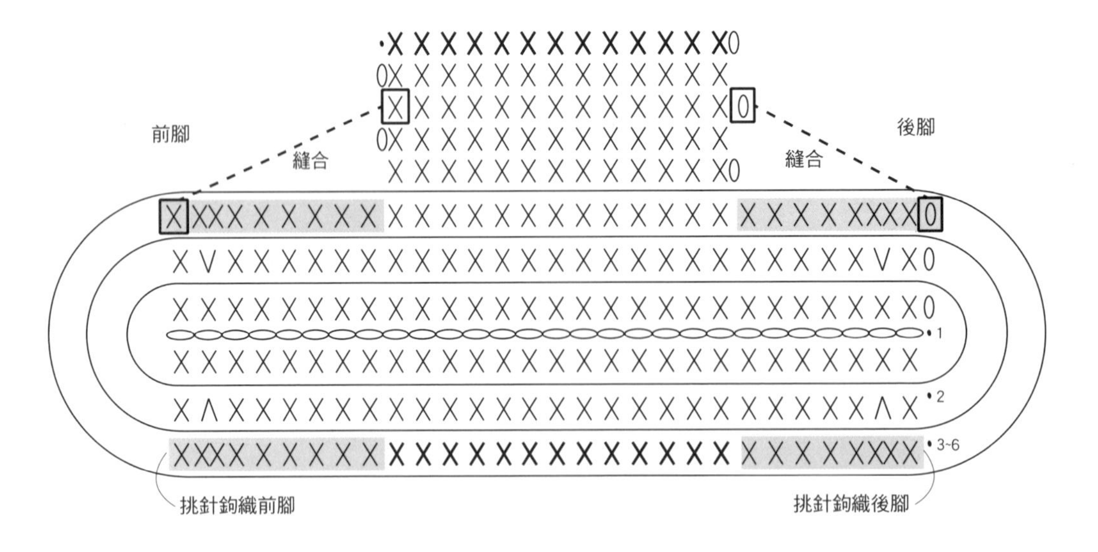

耳朵　4個
貝碧嘉・咖啡、淺褐各2

段	針數	加減針
5	12	＋4針
3～4	8	不加減
2	8	＋4針
1	4	輪狀起針

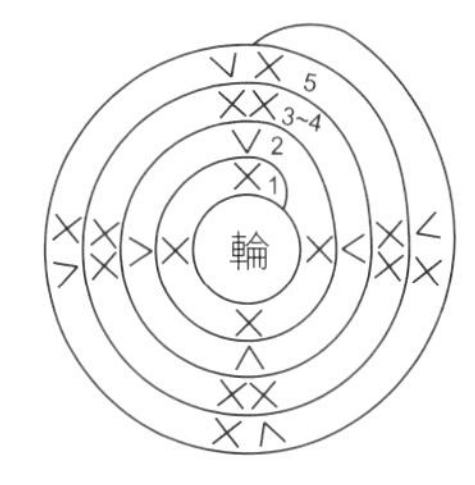

站立貓咪身體　1個／貝碧嘉・咖啡

・鎖針起針20針，在鎖針上鉤織一圈短針，接著依織圖加針，鉤至第9段。
・在第9段指定位置接線，鉤織8針短針，以往復編進行7段。往復編最終段與第9段對齊縫合（粗線部分），完成腹部。
・依圖示接縫前、後各2針，形成腳部接口。前、後腳皆挑8針，以輪編鉤織5段短針。

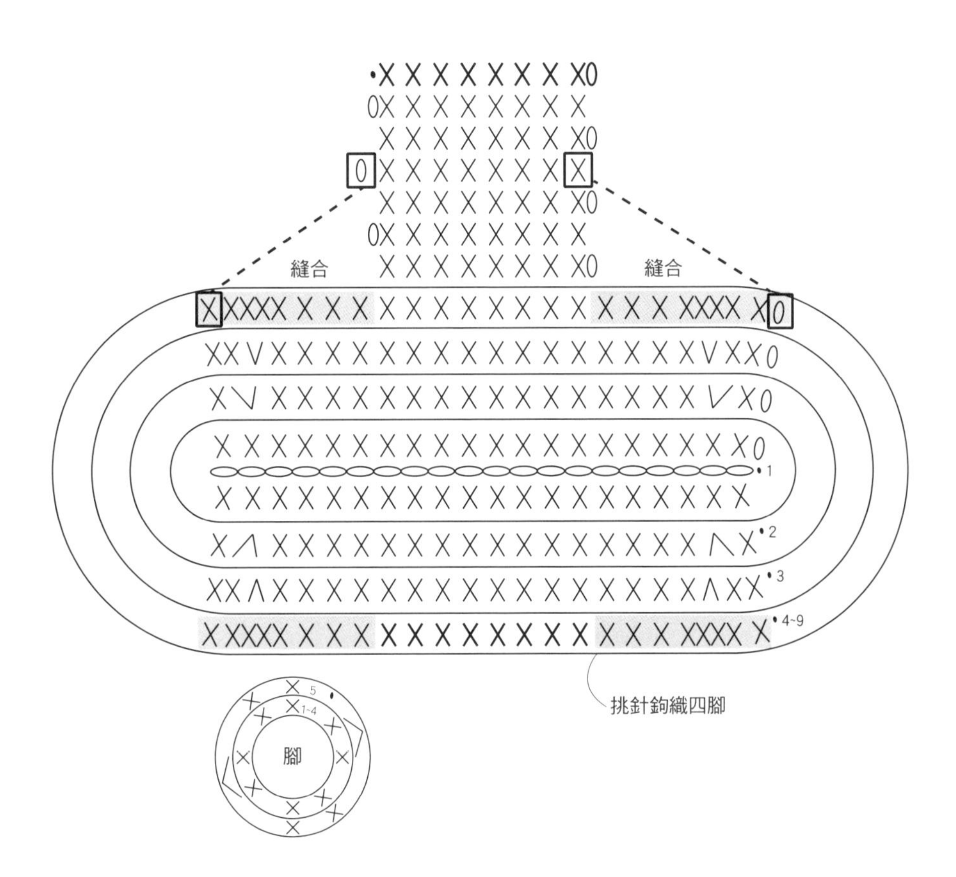

03 P.11

貓頭小鷹不睡覺

線材 波麗／深咖啡（11）
貝碧嘉／粉紅（53）、白色（01）、鵝黃（54）
迷你仔／草綠（15）
楓葉／白色（01）

工具 5/0 號・6/0 號・8/0 號鉤針、毛線針

尺寸 保麗龍圈外徑 18cm

其他 12mm・8mm 擬真雙色眼睛各 2 個

作法 參照P.46作法，以貝碧嘉鉤織片狀織片，完成後將保麗龍圈包覆其中，織片兩側對齊縫合，再併縫頭尾銜接處，完成花圈主體。
依織圖分別鉤織樹枝、樹葉、貓頭鷹等，組合後以熱融膠固定於花圈適當位置，完成！

大貓頭鷹　1個

段	針數	加減針	顏色
26	6	－6針	貝碧嘉・白色
25	12	－6針	
24	18	－6針	
23	24	－6針	
22	30	－6針	
21	36	不加減	
20	36	不加減，畝編	
14～19	36	不加減	楓葉・白色
13	36	不加減，筋編	
7～12	36	不加減	貝碧嘉・白色
6	36	＋6針	
5	30	＋6針	
4	24	＋6針	
3	18	＋6針	
2	12	＋6針	
1	6	輪狀起針	

大貓頭鷹耳朵　2 個
楓葉・白色
鎖針起針4針，依織圖在鎖針上鉤3針中長針，再鉤引拔針固定即完成。

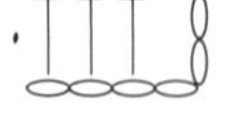

大貓頭鷹腳　2 個
貝碧嘉・鵝黃
鎖針起針5針，在鎖針上鉤5針短針，接著依織圖重複2次起5鎖針，挑5短針，完成一腳織片。

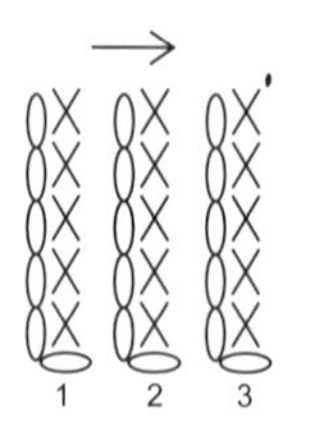

花圈本體　1個／貝碧嘉・粉紅

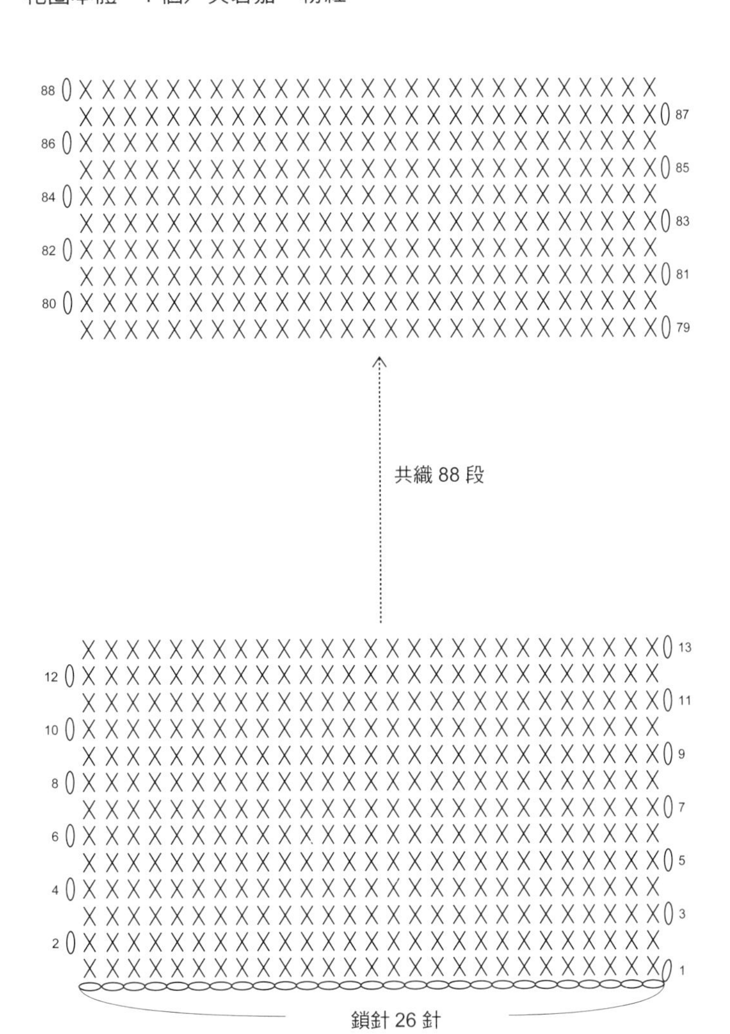

大貓頭鷹嘴　1個／貝碧嘉・鵝黃

段	針數	加減針
3	8	不加減
2	8	＋4針
1	4	輪狀起針

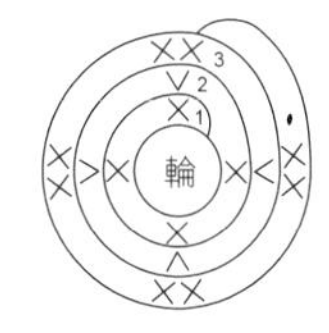

小貓頭鷹　1個

段	針數	加減針	顏色
16	6	－6針	貝碧嘉・白色
15	12	－6針	
14	18	－6針	
13	24	不加減，畝編	
10～12	24	不加減	楓葉・白色
9	24	不加減，筋編	
5～8	24	不加減	貝碧嘉・白色
4	24	＋6針	
3	18	＋6針	
2	12	＋6針	
1	6	輪狀起針	

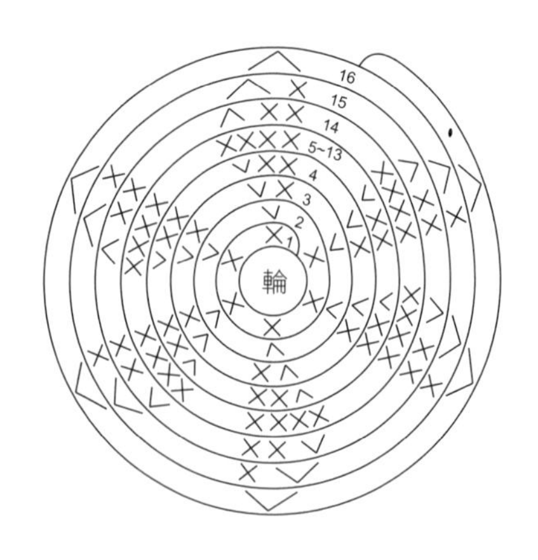

小貓頭鷹嘴　1個／貝碧嘉・鵝黃

段	針數	加減針
2	6	＋3針
1	3	輪狀起針

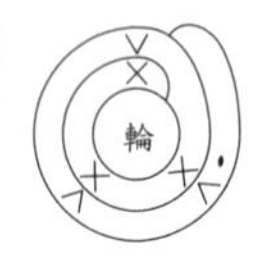

小貓頭鷹腳　2個／貝碧嘉・鵝黃

鎖針起針3針，在鎖針上鉤3針引拔針，接著依織圖重複2次起3鎖針，挑3引拔針，完成一腳織片。

1　2　3

長樹枝　1個／波麗・深咖啡

段	針數	加減針
32	4	－4針
14～31	8	不加減
13	8	－2針
9～12	10	不加減
8	10	合併短樹枝
2～7	5	不加減
1	5	輪狀起針

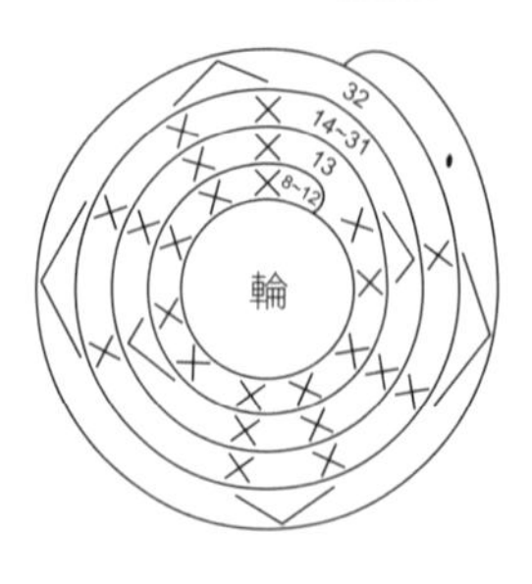

短樹枝　1個／波麗・深咖啡

段	針數	加減針
2～8	5	不加減
1	5	輪狀起針

葉子　2片／迷你仔・草綠

鎖針起針6針，在鎖針上依織圖鉤織一圈，分別完成兩葉片。

P.15

瑪格麗特花園

線材 娃娃紗／墨綠（20）、淺黃（27）、黑色（12）、淺藍（08）
呼拉拉／白（01）

工具 2/0 號．3/0 號鉤針、毛線針

尺寸 保麗龍圈外徑 18cm

其他 6mm 動動眼 4 個、10mm 毛球數顆

作法 參照 P.46 作法，以娃娃紗毛線鉤織片狀織片，完成後將保麗龍圈包覆其中，織片兩側對齊縫合，再併縫頭尾銜接處，完成花圈主體。
依織圖完成瑪格麗特花朵及蜜蜂後，以熱融膠固定於花圈適當位置，完成！

瑪格麗特　11朵／呼拉拉．白

段	針數	加減針
2	5	不加減 立6鎖針，鉤5短針
1	10	輪狀起針

花圈本體　1個／娃娃紗．墨綠

122 0 X X X X X X X X X X X X X X X X X X X X X X X X X X X X X X X X
X X X X X X X X X X X X X X X X X X X X X X X X X X X X X X X X 0 121
120 0 X X X X X X X X X X X X X X X X X X X X X X X X X X X X X X X X
X X X X X X X X X X X X X X X X X X X X X X X X X X X X X X X X 0 119
118 0 X X X X X X X X X X X X X X X X X X X X X X X X X X X X X X X X
X X X X X X X X X X X X X X X X X X X X X X X X X X X X X X X X 0 117
116 0 X X X X X X X X X X X X X X X X X X X X X X X X X X X X X X X X
X X X X X X X X X X X X X X X X X X X X X X X X X X X X X X X X 0 115
114 0 X X X X X X X X X X X X X X X X X X X X X X X X X X X X X X X X
X X X X X X X X X X X X X X X X X X X X X X X X X X X X X X X X 0 113

共織 122 段

10 0 X X X X X X X X X X X X X X X X X X X X X X X X X X X X X X X X
X X X X X X X X X X X X X X X X X X X X X X X X X X X X X X X X 0 9
8 0 X X X X X X X X X X X X X X X X X X X X X X X X X X X X X X X X
X X X X X X X X X X X X X X X X X X X X X X X X X X X X X X X X 0 7
6 0 X X X X X X X X X X X X X X X X X X X X X X X X X X X X X X X X
X X X X X X X X X X X X X X X X X X X X X X X X X X X X X X X X 0 5
4 0 X X X X X X X X X X X X X X X X X X X X X X X X X X X X X X X X
X X X X X X X X X X X X X X X X X X X X X X X X X X X X X X X X 0 3
2 0 X X X X X X X X X X X X X X X X X X X X X X X X X X X X X X X X
X X X X X X X X X X X X X X X X X X X X X X X X X X X X X X X X 0 1

鎖針 32 針

蜜蜂翅膀　2片
娃娃紗．淺藍

鎖針起針5針，在鎖針上挑針一圈短針後，繼續鉤織起針的鎖針，並同樣挑針鉤一圈短針。

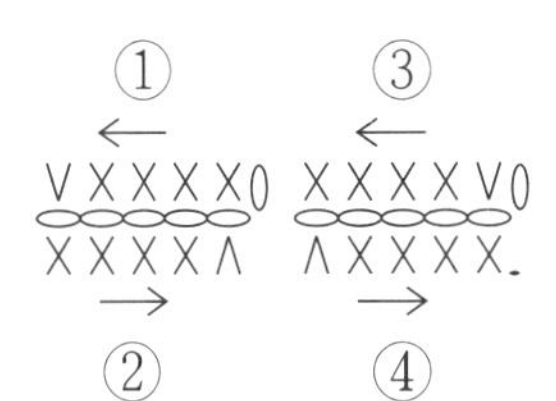

蜜蜂　2隻

段	針數	加減針	
16	6	–6針	娃娃紗．淺黃
15	12	–6針	
13～14	18	不加減	
11～12	18	不加減	娃娃紗．黑
9～10	18	不加減	娃娃紗．淺黃
7～8	18	不加減	娃娃紗．黑
4～6	18	不加減	娃娃紗．淺黃
3	18	+6針	
2	12	+6針	
1	6	輪狀起針	

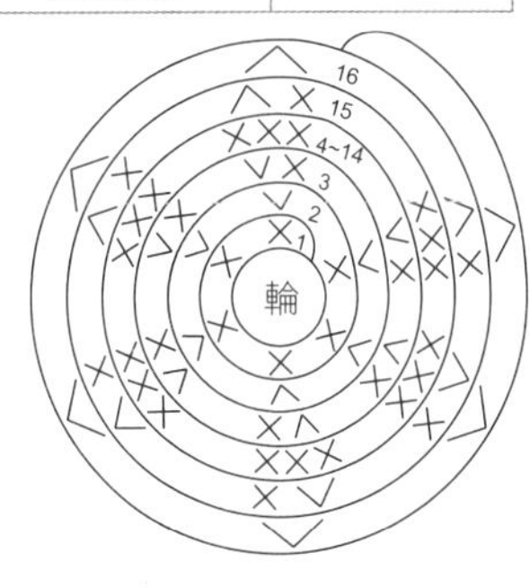

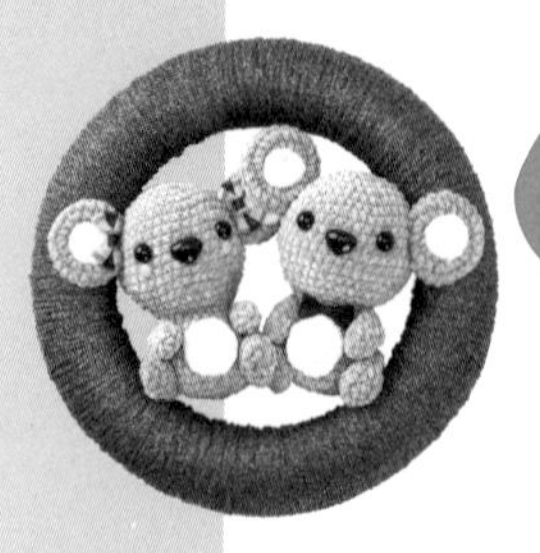

04 P.12 我愛無尾熊

線材 金葱彩線／綠（19）
迷你仔／白（01）、淺灰（08）

工具 5/0 號鉤針、毛線針

尺寸 保麗龍圈外徑 30cm

其他 12mm 黑色平底半圓 4 個、20mm 三角鼻 2 個、8mm 粉紅色平底半圓 2 個、蝴蝶結 3 個

作法 參照 P.46 作法，以金葱彩線將保麗龍圈圈以纏繞方式包覆平整，即完成花圈主體。
依織圖分別鉤織兩隻無尾熊各部分，縫合後以熱融膠固定於花圈適當位置，完成！

無尾熊頭＋身　2個／迷你仔・淺灰

段	針數	加減針
32	5	－5針
31	10	－5針
30	20	－10針
29	30	－10針
28	36	不加減
27	36	＋6針
24～26	30	不加減
23	30	＋6針
22	24	不加減
21	24	＋4針
20	20	＋2針
19	18	－6針
18	24	－6針
17	30	－6針
16	36	－6針
8～15	42	不加減
7	42	＋6針
6	36	＋6針
5	30	＋6針
4	24	＋6針
3	18	＋6針
2	12	＋6針
1	6	輪狀起針

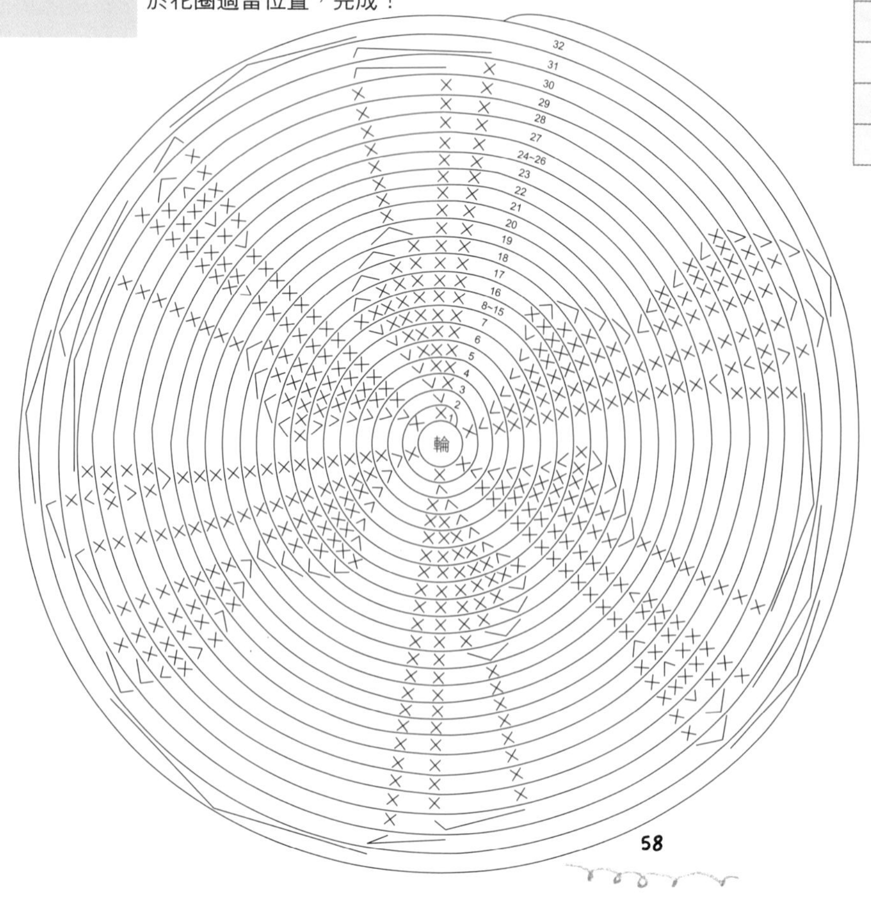

無尾熊手　4個／迷你仔・淺灰

段	針數	加減針
3～7	8	不加減
2	8	＋2針
1	6	輪狀起針

無尾熊腳　4個／迷你仔・淺灰

段	針數	加減針
7～8	10	不加減
6	10	－2針
3～5	12	不加減
2	12	＋2針
1	6	輪狀起針

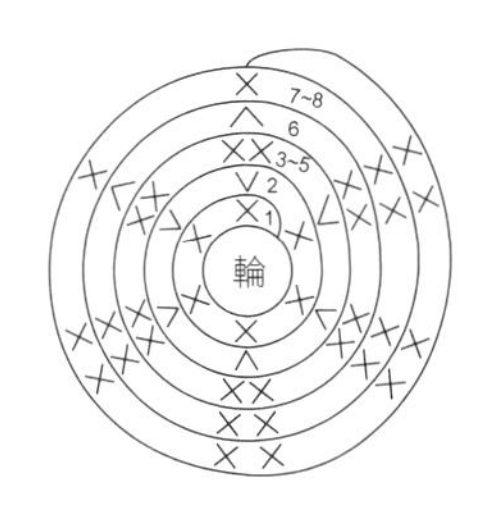

無尾熊外耳　4個／迷你仔・淺灰

段	針數	加減針
7	20	－4針
5～6	24	不加減
4	24	＋6針
3	18	＋6針
2	12	＋6針
1	6	輪狀起針

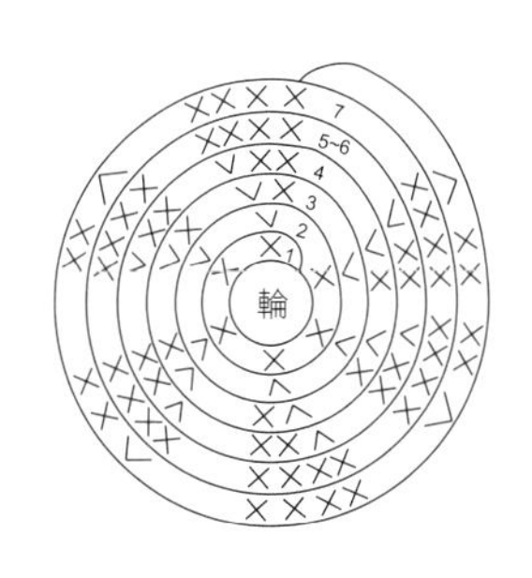

無尾熊內耳　4個／迷你仔・白

段	針數	加減針
2	12	＋6針
1	6	輪狀起針

無尾熊腹部　2個／迷你仔・白

段	針數	加減針
3	15	＋5針
2	10	＋5針
1	5	輪狀起針

05 P.13 松鼠愛松果

線材 貝碧嘉／芥末黃（27）、咖啡（26）、深咖（65）、卡其（36）

工具 5/0 號鉤針、毛線針

尺寸 保麗龍圈外徑 18cm

其他 8mm 黑色平底半圓 2 個、10mm 三角鼻 1 個

作法 參照 P.46 作法，使用貝碧嘉毛線將保麗龍圈以纏繞方式包覆平整，即完成花圈主體。
依織圖分別鉤織松鼠及松果，並以熱融膠固定於花圈適當位置，完成！

松鼠頭　1個／貝碧嘉・咖啡

段	針數	加減針
15	6	－6針
14	12	－6針
13	18	－6針
12	24	－6針
9～11	30	不加減
8	30	＋6針
7	24	不加減
6	24	＋4針
5	20	不加減
4	20	＋5針
3	15	＋5針
2	10	＋5針
1	5	輪狀起針

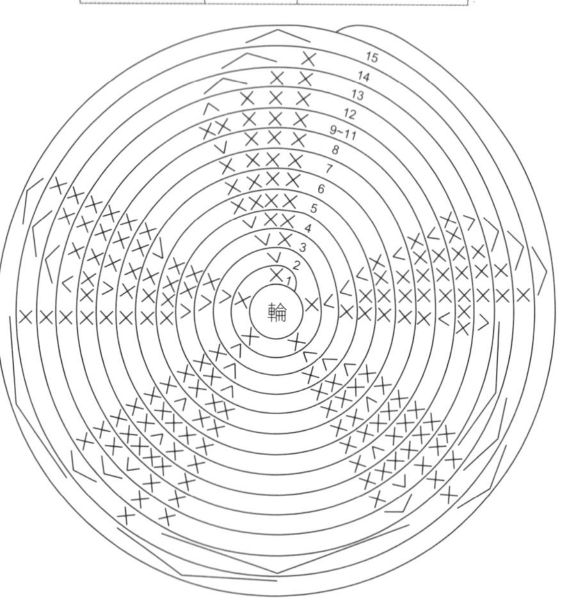

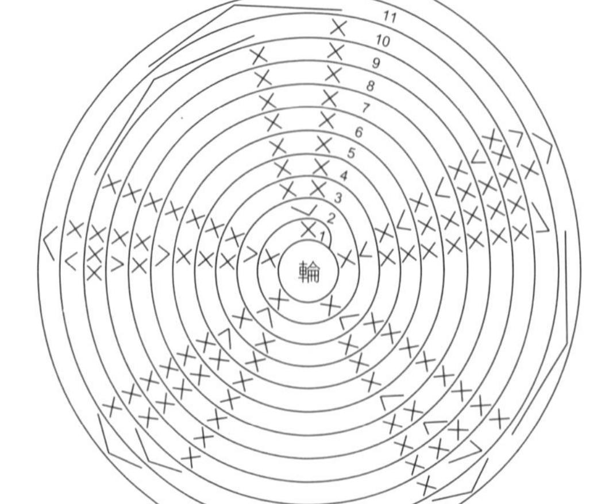

松果　3個／貝碧嘉・芥末黃

段	針數	加減針
11	6	－6針
10	12	－6針
9	18	不加減
8	18	＋3針
7	15	不加減
6	15	＋3針
5	12	不加減
4	12	＋2針
3	10	不加減
2	10	＋5針
1	5	輪狀起針

松鼠尾巴　1個／貝碧嘉・咖啡

段	針數	加減針
16～20	15	不加減
15	15	－3針
12～14	18	不加減
11	18	－3針
10	21	不加減
9	21	＋3針
5～8	18	不加減
4	18	＋3針
3	15	＋5針
2	10	＋5針
1	5	輪狀起針

松果蒂頭　3個／貝碧嘉・深咖

段	針數	加減針
6～7	18	不加減
5	18	不加減・畝編
4	18	＋3針
3	15	＋5
2	10	＋5針
1	5	輪狀起針

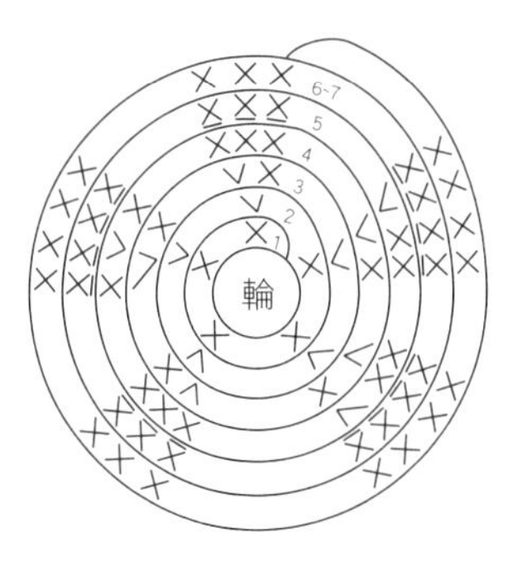

松鼠耳朵　2個／貝碧嘉・咖啡

段	針數	加減針
3～4	10	不加減
2	10	＋5針
1	5	輪狀起針

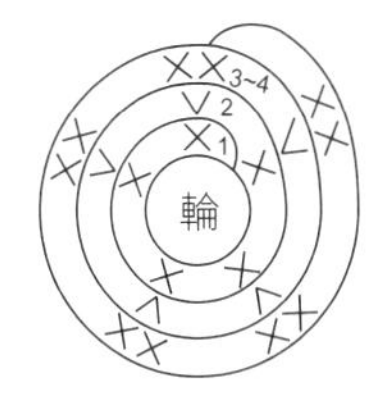

松鼠手＆腳　各2個／貝碧嘉・咖啡

段	針數	加減針
3～6	8	不加減
2	8	＋4針
1	4	輪狀起針

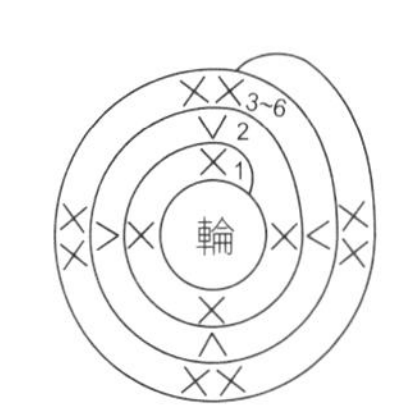

松鼠身體　1個／貝碧嘉・咖啡

段	針數	加減針
18～19	16	不加減
17	16	－2針
16	18	不加減
15	18	－2針
12～14	20	不加減
11	20	－4針
9～10	24	不加減
8	24	－4針
6～7	28	不加減
5	28	＋4針
4	24	＋6針
3	18	＋6針
2	12	＋6針
1	6	輪狀起針

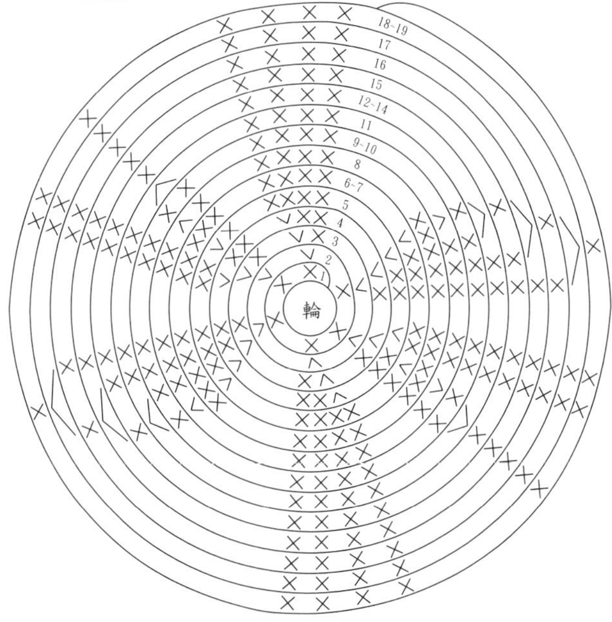

06 P.14 櫻花與鳥

線材 海綿／淺卡其（10）
維多利亞／白（01）、淺粉（04）、
桃紅（05）

工具 2/0 號・3/0 號鉤針、毛線針

尺寸 保麗龍圈外徑 18cm

其他 5mm 黑色平底半圓 2 個

作法 參照 P.46 作法，以海綿毛線鉤織片狀織片，完成後將保麗龍圈包覆其中，織片兩側對齊縫合，再併縫頭尾銜接處，完成花圈主體。
依織圖分別鉤織櫻花及小鳥（尾羽織片對摺縫合），以熱融膠固定於花圈適當位置，完成！

小鳥　1個／維多利亞・白

段	針數	加減針
22	6	－6針
21	12	－6針
20	18	－6針
19	24	－6針
13～18	30	不加減
12	30	＋3針
11	27	不加減
10	27	＋3針
5～9	24	不加減
4	24	＋6針
3	18	＋6針
2	12	＋6針
1	6	輪狀起針

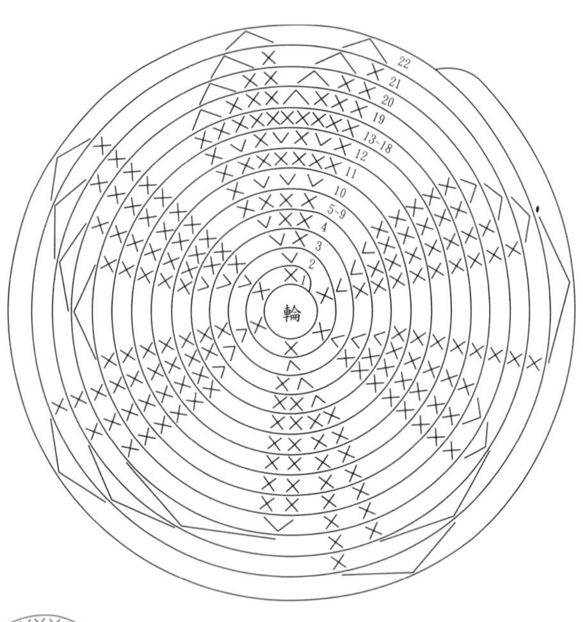

鳥嘴　1個／維多利亞・桃紅

段	針數	加減針
4	9	不加減
3	9	＋3針
2	6	＋3針
1	3	輪狀起針

尾羽　1個／維多利亞・白

段	針數	加減針
2～4	8	不加減
1	8	回鉤8短針
起針	9	鎖針起針

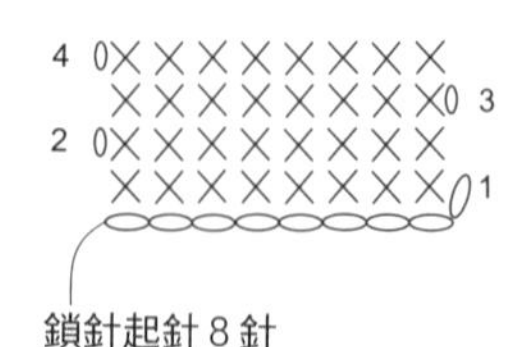

花圈本體　1個／海綿・淺卡其

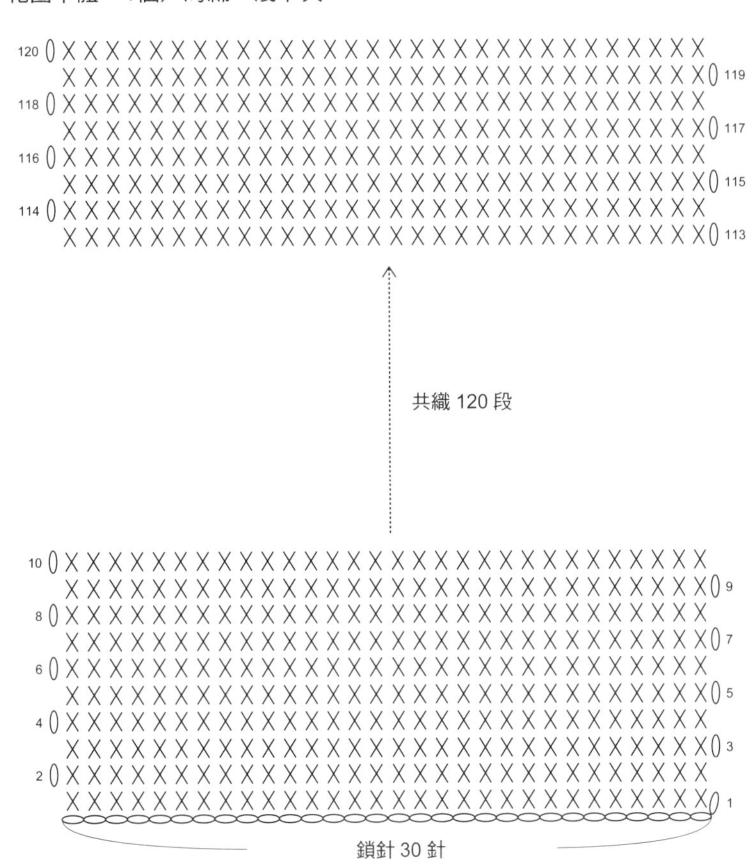

翅膀　2個／維多利亞・白

段	針數	加減針
6	1	－1針
5	2	－1針
4	3	－1針
3	4	不加減，改往返編
2	12	＋6針
1	6	輪狀起針

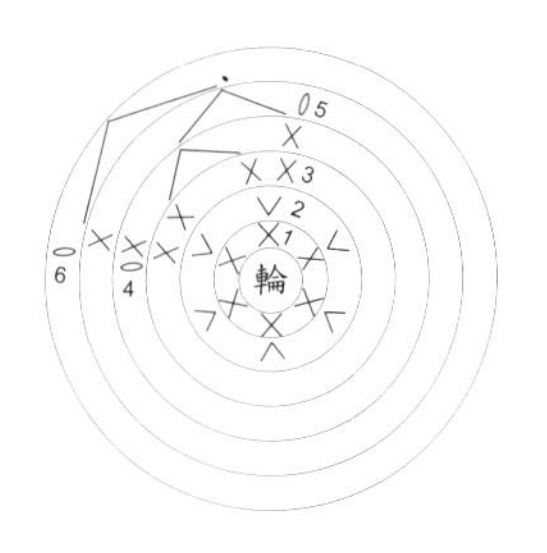

櫻花　14片／維多利亞・見配色表　2/0號鉤針

段	針數	加減針	配色1	配色2	配色3	配色4
3	30	＋20針	白	桃紅	粉紅	粉紅
2	10	＋5針	粉紅	粉紅	桃紅	白
1	5	輪狀起針	白	桃紅	粉紅	粉紅
織片數量 5片			5片	4片	1片	1片

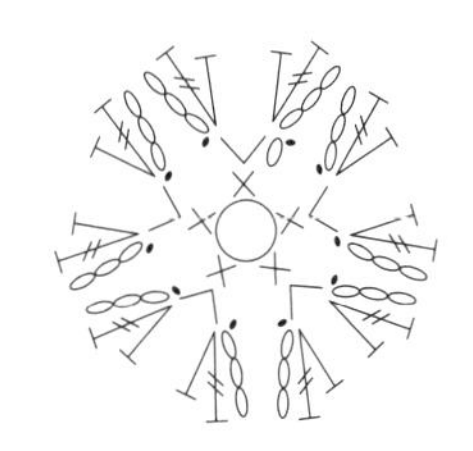

08 P.16

牽牛與蝸牛

線材 呼拉拉／米白（02）、藍（38）、膚（04）、綠（10）、花線（84）

工具 2/0 號鉤針、毛線針

尺寸 竹籐圈外徑 16cm

作法 依織圖完成牽牛藤蔓，纏繞於竹籐圈上調整至適當位置後，將牽牛花與蝸牛以熱融膠交錯貼合其中，完成！

大牽牛花　3朵／呼拉拉・藍

段	針數	加減針
16	40	不加減
15	40	＋5針
14	35	＋5針
13	35	＋5針
12	30	＋5針
11	25	＋5針
10	20	＋5針
9	15	＋3針
8	12	不加減
7	12	＋2針
6	10	不加減
5	10	＋2針
4	8	不加減
3	8	＋2針
2	6	不加減
1	6	輪狀起針

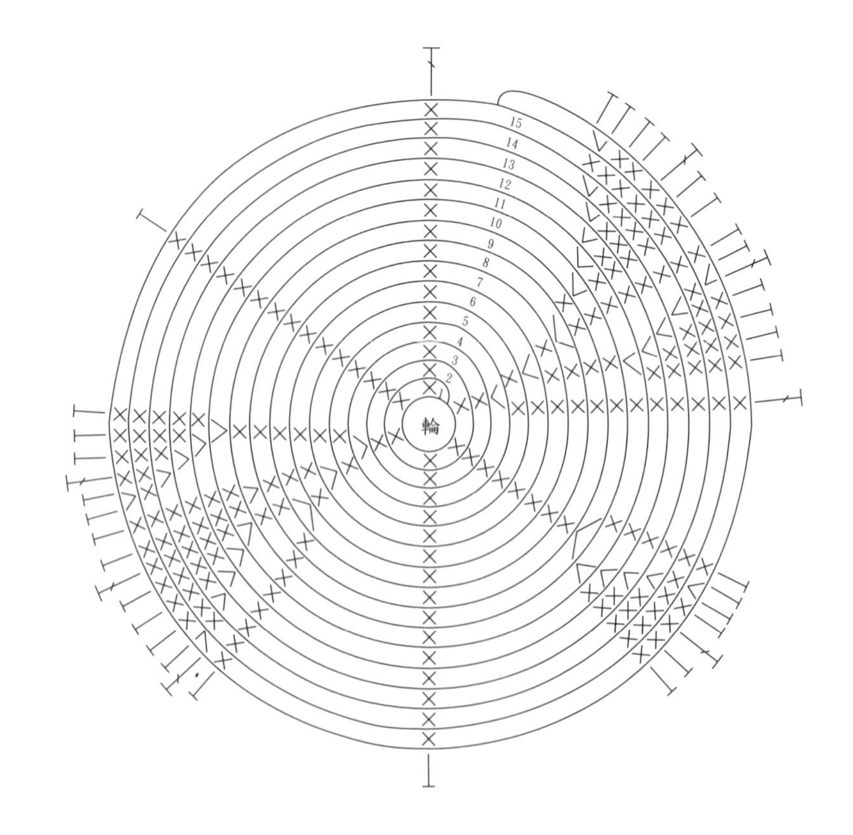

小牽牛花　3朵

段	針數	加減針	顏色
11	30	不加減	V鉤呼拉拉藍色 X鉤呼拉拉白色
10	30	＋5針	
9	25	＋5針	
8	20	＋5針	
7	15	＋5針	呼拉拉・白
6	10	不加減	
5	10	＋2針	
4	8	不加減	
3	8	＋2針	
2	6	不加減	
1	6	輪狀起針	

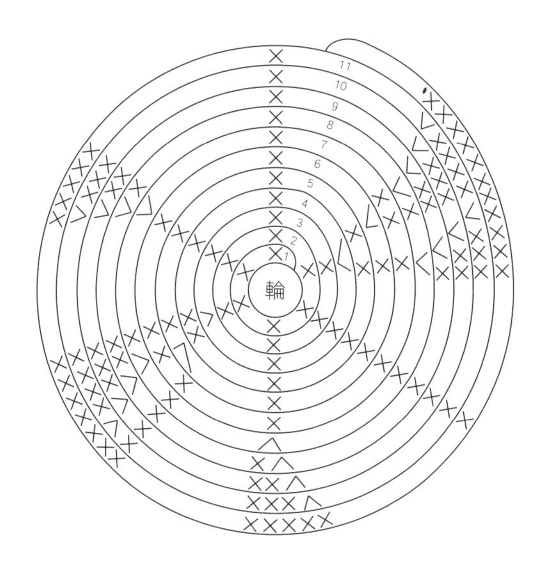

蝸牛殼　2個／呼拉拉・花線

段	針數	加減針
2～21	6	不加減
1	6	輪狀起針

蝸牛身體　2個／呼拉拉・膚

段	針數	加減針
15	6	－2針
4～14	8	不加減
3	8	＋2針
2	6	不加減
1	6	輪狀起針

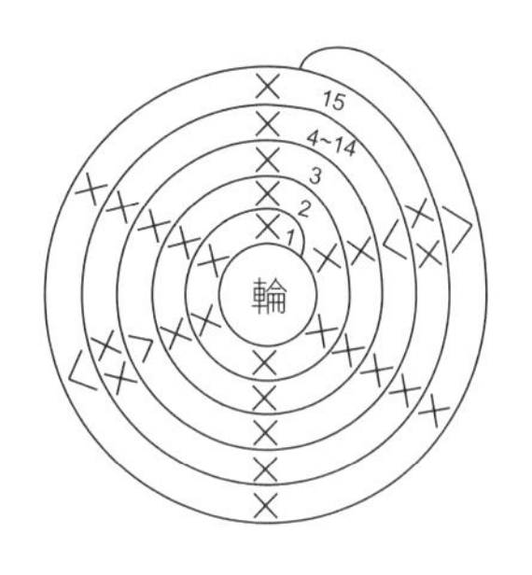

藤蔓＆葉子　1條／呼拉拉・綠

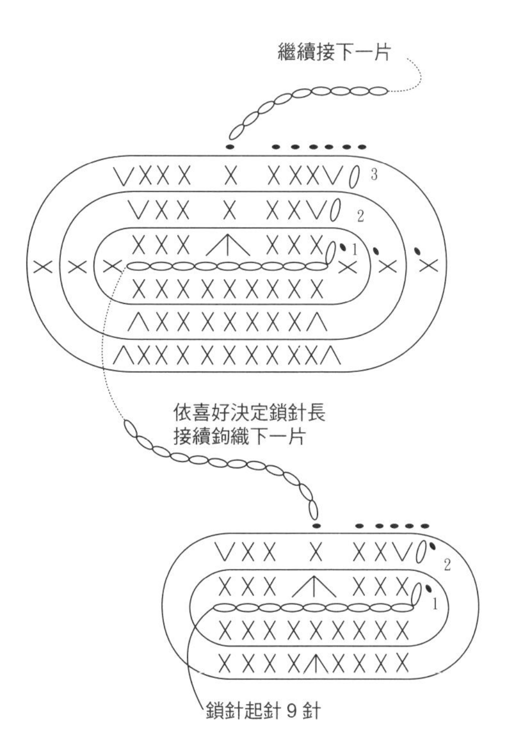

09 P.17

繡球花與蝴蝶

線材 萌美麗諾／桃紅（06）
銀河毛海／米白（02）
呼拉拉／米白（02）、水藍（37）、淺紫（42）、花線（83）、花線（84）
貝碧嘉／綠（25）、水藍（56）、淺紫（31）

工具 2/0 號．5/0 號鉤針、毛線針

尺寸 保麗龍圈外徑 25cm

其他 保麗龍圓球 8.5cm（切半使用）、半圓珍珠 8mm（銀白）、鋁線約 10cm

作法 參照 P.46，取萌美麗諾及銀河毛海各 1 條，將保麗龍圈圈以纏繞方式包覆平整，即完成花圈主體。
依織圖完成繡球花底座 A．B．C．D，接下來，分別在切半的保麗龍球上、下方覆上底座 A 與 B、C 與 D，將半圓保麗龍包覆後縫合。分別鉤織足以將底座填滿的小花數量後，貼合成繡球花，最後在小花中心黏上半圓珍珠。
鉤織葉片與蝴蝶，以熱融膠固定於花圈適當位置，完成！

大繡球花底座　1組
貝碧嘉．水藍或淺紫
底座A織1～10段，底座B織1～14段。

段	針數	加減針
11～14	60	不加減
10	60	＋6針
9	54	＋6針
8	48	＋6針
7	42	＋6針
6	36	＋6針
5	30	＋6針
4	24	＋6針
3	18	＋6針
2	12	＋6針
1	6	輪狀起針

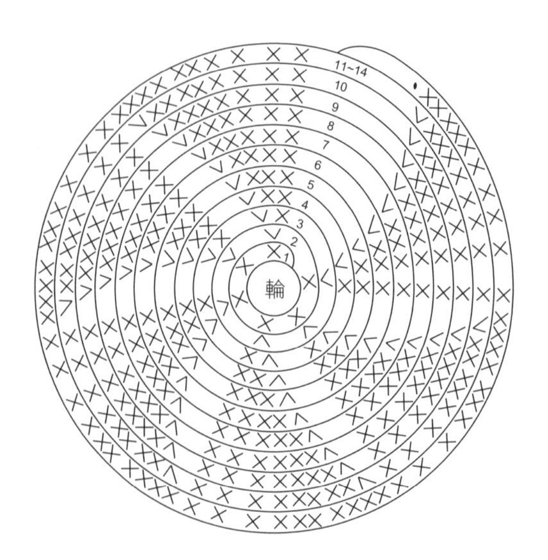

小繡球底座　1組
貝碧嘉・水藍或淺紫
底座C 織1～8段，底座D 織1～12段。

段	針數	加減針
9~12	48	不加減
8	48	＋6針
7	42	＋6針
6	36	＋6針
5	30	＋6針
4	24	＋6針
3	18	＋6針
2	12	＋6針
1	6	輪狀起針
2	12	＋6針
1	6	輪狀起針

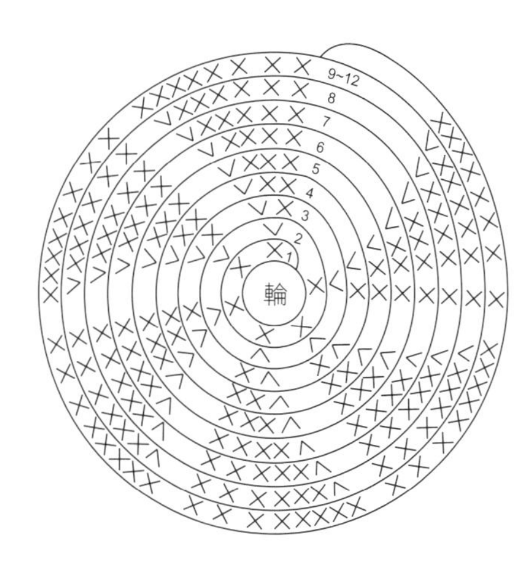

小花　約25～35朵／呼拉拉・水藍或淺紫

段	針數	加減針
2	24	＋16針
1	8	輪狀起針

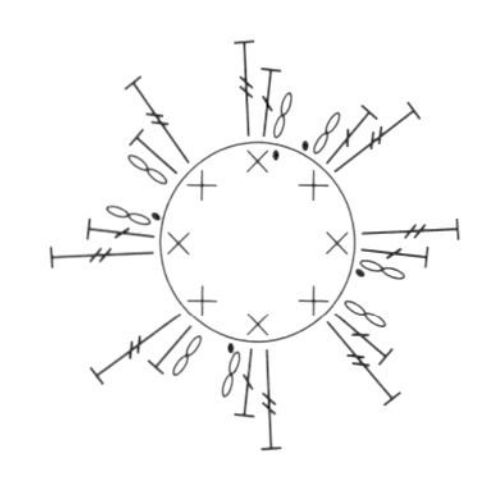

短葉片　2～3片／貝碧嘉・綠

段	針數	加減針
3	30	不加減
2	30	＋6針
1	24	＋12針
起針	12	鎖針起針

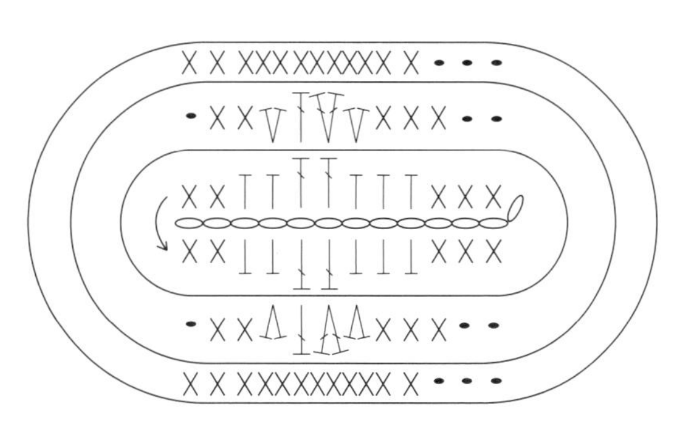

長葉片　2～3片／貝碧嘉・綠

段	針數	加減針
3	40	＋6針
2	34	＋6針
1	28	＋14針
起針	14	鎖針起針

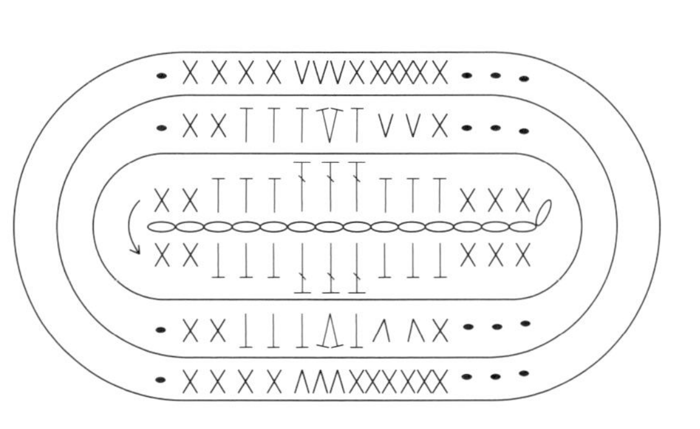

蝴蝶身體　2個／呼拉拉・米白

段	針數	加減針
21	6	−2針
20	8	不加減
19	8	−2針
18	10	不加減
17	10	−2針
11~16	12	不加減
10	12	＋6針
9	6	−2針
8	8	−2針
7	10	−5針
5~6	15	不加減
4	15	＋3針
3	12	不加減
2	12	＋6針
1	6	輪狀起針

蝴蝶翅膀・左上／呼拉拉・花線

鎖針起針2針，依織圖以往復編鉤織14段短針，接著沿周圍鉤織一圈短針的緣編即完成。

蝴蝶翅膀・右上／呼拉拉・花線

鎖針起針2針，依織圖以往復編鉤織14段短針，接著沿周圍鉤織一圈短針的緣編即完成。

蝴蝶翅膀・下／呼拉拉・花線

鎖針起針2針，依織圖以往復編鉤織8段短針，剪線。接著在起針的另一側挑針，同樣鉤織8段短針，接著沿周圍鉤織一圈短針的緣編即完成。

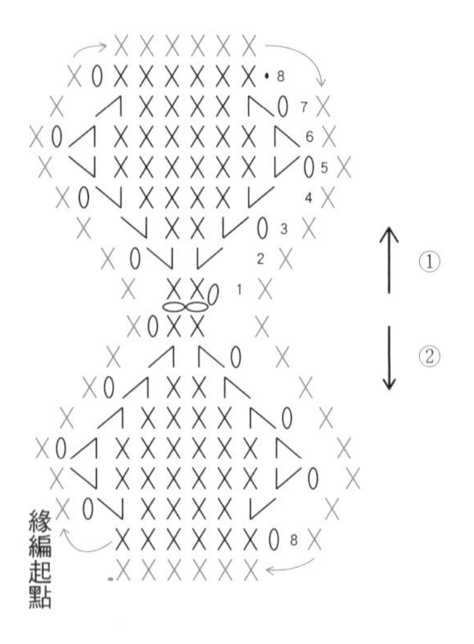

18 聖誕快樂A

P.28

線材 海棠／墨綠（12）
維多利亞／紅（15）

工具 3/0 號・5/0 號鉤針、毛線針

尺寸 保麗龍圈外徑 18cm

其他 裝飾字牌、金色鐵絲花心 3 組

作法 參照 P.46 作法，以海棠毛線鉤織片狀織片，完成後將保麗龍圈包覆其中，織片兩側對齊縫合，再併縫頭尾銜接處，完成花圈主體。
依織圖完成聖誕紅花瓣，每 6 片縫成一朵，共製作 3 朵。最後以熱融膠固定於花圈適當位置，完成！

花圈本體　1個／海棠・墨綠　4/0號鉤針

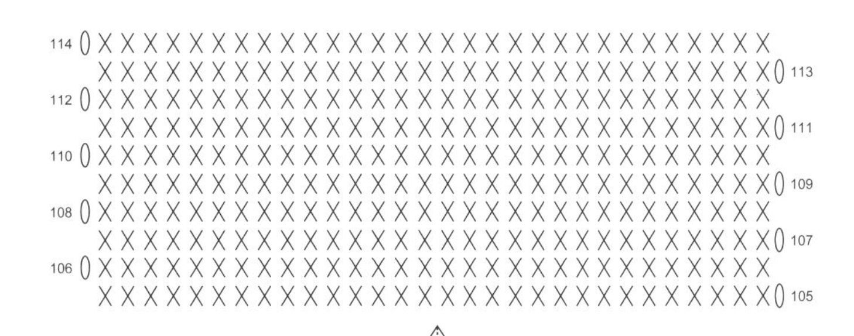

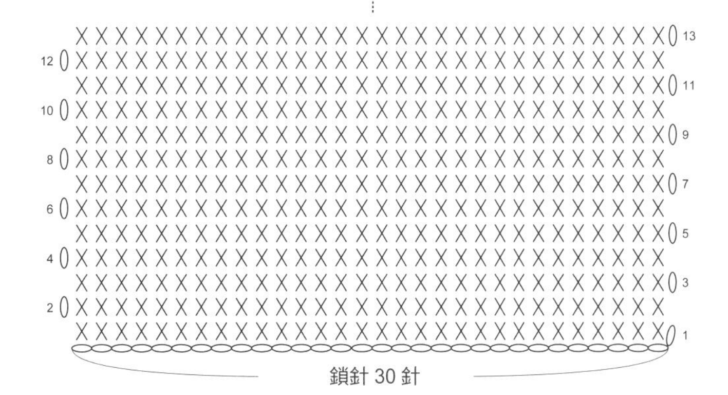

聖誕紅花瓣　18片／維多利亞・紅（雙線鉤織）

段	針數	加減針
9	10	−2針
6〜8	12	不加減
5	12	＋2針
4	10	＋2針
3	8	＋2針
2	6	＋2針
1	4	輪狀起針

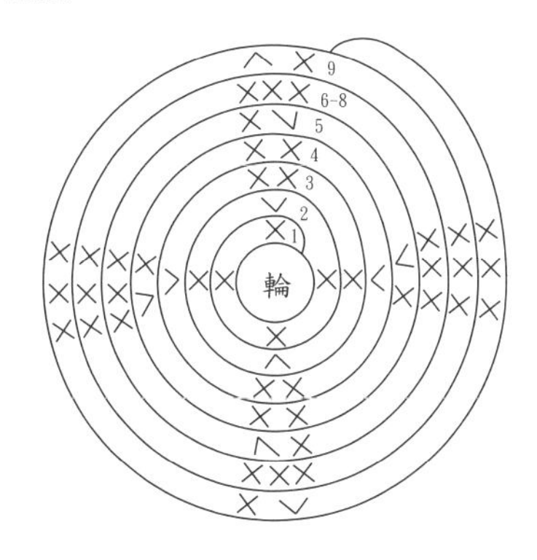

10 P.18

晴天娃娃

線材 貝碧嘉／紅（14）、橙（05）、黃（54）、綠（25）、藍（10）、靛（58）、紫（28）、白（01）、淺藍（08）

工具 5/0 號鉤針、毛線針

尺寸 保麗龍圈外徑 25cm

其他 8mm 黑色．粉紅色平底半圓各 4 個、釣魚線適量、銀白色串珠適量

作法 參照P.46作法，以貝碧嘉鉤織片狀織片，每色約鉤織 17 段，依各人手勁可再酌增一段。完成後將保麗龍圈包覆其中，織片兩側對齊縫合，再併縫頭尾銜接處，完成花圈主體。
依織圖分別鉤織晴天娃娃及雨滴，釣魚線穿入串珠，與雨滴縫合後，以熱融膠固定於花圈適當位置，完成！

晴天娃娃　2個／貝碧嘉・白

段	針數	加減針
20	35	＋7針
19	28	＋4針
18	24	＋12針
17	12	不加減
16	12	－6針
15	18	－6針
14	24	－6針
13	30	－6針
7～12	36	不加減
6	36	＋6針
5	30	＋6針
4	24	＋6針
3	18	＋6針
2	12	＋6針
1	6	輪狀起針

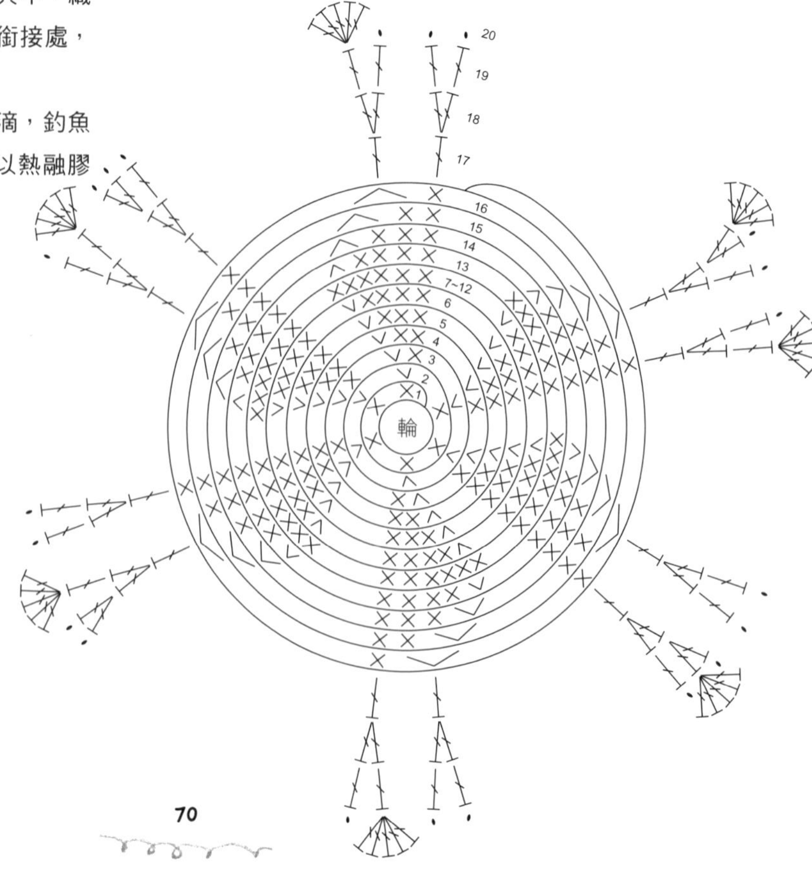

大雨滴　2個／貝碧嘉·淺藍

段	針數	加減針
8	4	－2針
7	6	不加減
6	6	－2針
5	8	－2針
4	10	＋2針
3	8	不加減
2	8	＋2針
1	6	輪狀起針

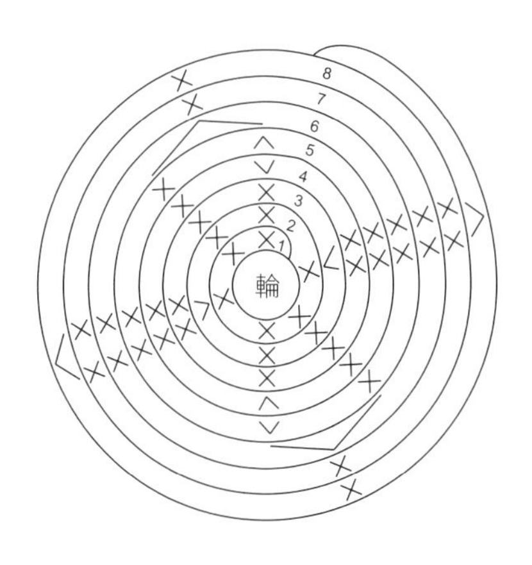

小雨滴　2個／貝碧嘉·淺藍

段	針數	加減針
7	4	－2針
6	6	不加減
5	6	－2針
3～4	8	不加減
2	8	＋2針
1	6	輪狀起針

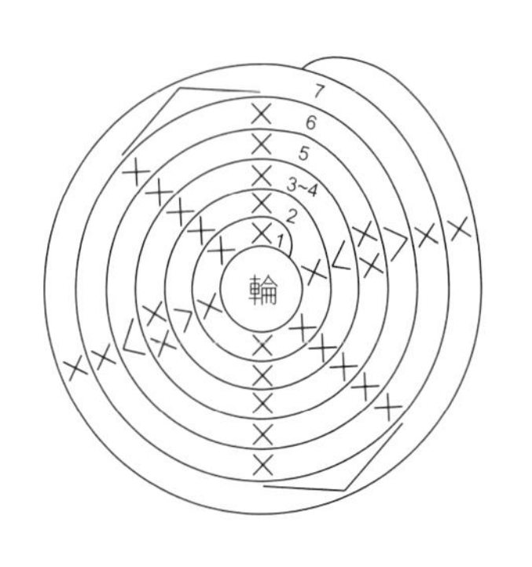

花圈本體　1個／貝碧嘉·紅橙黃綠藍靛紫
（紅色17段，其餘各色18段）

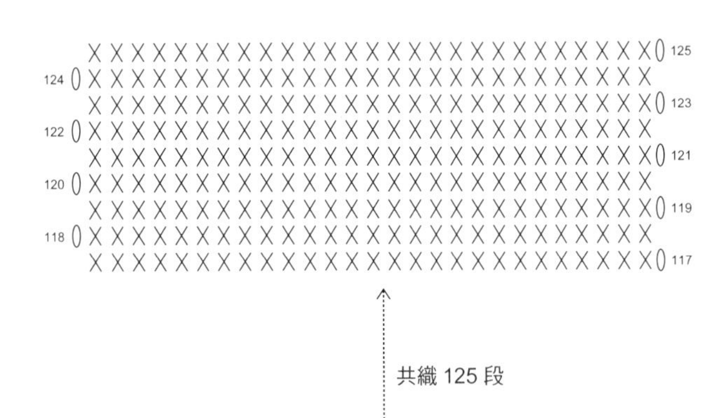

共織 125 段

鎖針 27 針

11 P.20

田野風光

線材

炫彩／（01）
娃娃紗／土黃（30）、膚（14）、白（01）、咖啡（11）
萌美麗諾／白（01）、灰（16）、藍綠（08）、深粉（13）

工具

3/0 號鉤針、毛線針、製球器 65mm

尺寸

保麗龍圈外徑 25cm

其他

8mm 黑色．粉紅色平底半圓各 2 個、免洗圓筷 2 雙

作法

以炫彩毛線將保麗龍圈圈纏繞包覆平整，即完成花圈主體。
依織圖鉤織稻草人，纏繞製作毛球並修剪出房子及愛心形狀，最後以熱融膠將其固定於適當位置，完成！

頭髮　娃娃紗．咖啡

依織圖分別鉤織上、中、下層髮片。

下層髮片　1 個

鎖針起針20針為底，再鉤8鎖針作為髮條起針，在鎖針上往回鉤織8針短針，在下一個鎖針上鉤引拔固定，完成一髮條。以此方式鉤織20次，完成下層髮片。

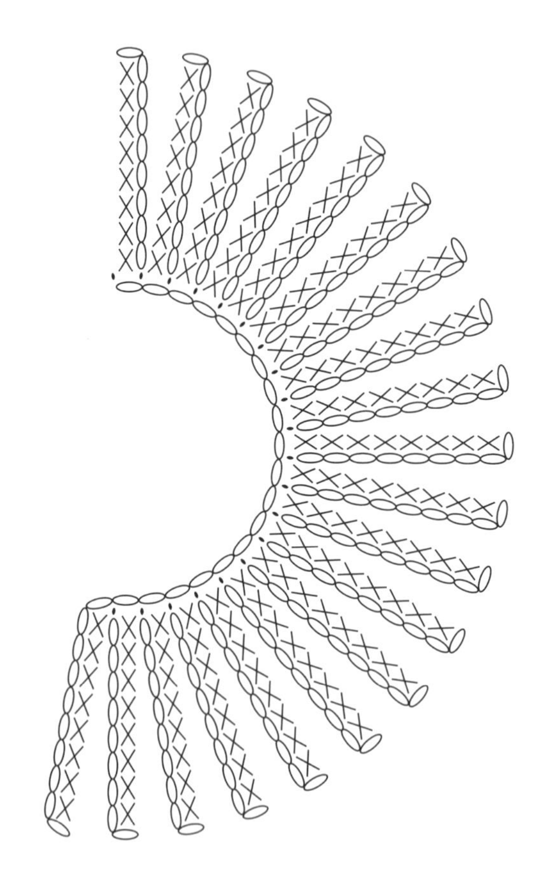

中層髮片　1個

鎖針起針18針為底，再鉤11鎖針作為髮條起針，依下層髮片的相同方式，鉤織20條11鎖針＋短針的髮條，完成髮片。

上層髮帽　1個

手指繞線鉤織2鎖針作為立起針，織入第1段的8針中長針，與第2段的16針中長針。接著依織圖鉤織12次11鎖針＋短針的長髮條，再鉤8次5鎖針＋短針的短瀏海髮條（同一針織入2條），完成髮帽。

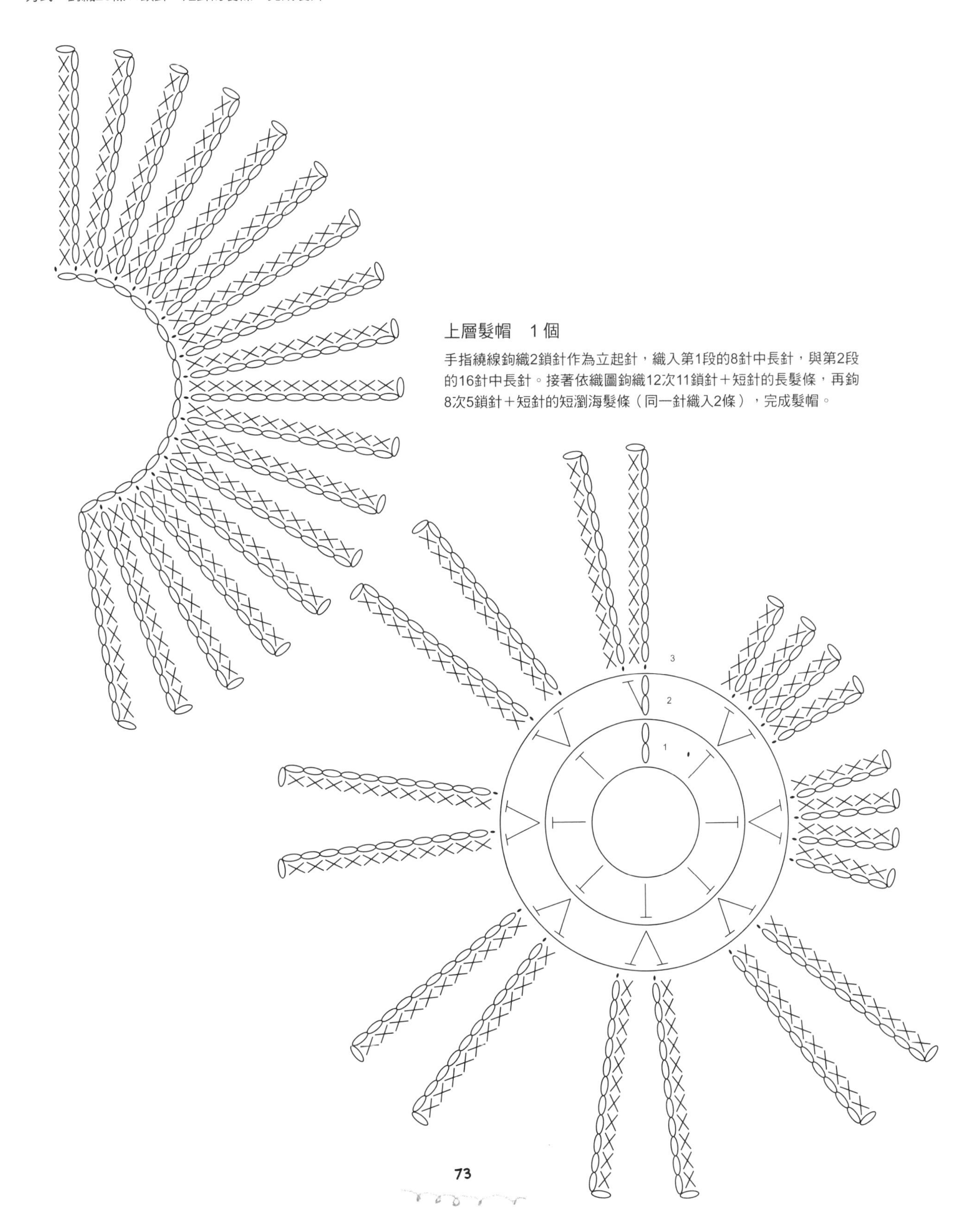

稻草人主體　1個／娃娃紗・膚

段	針數	加減針
39	6	－6針
38	12	－4針
37	16	－4針
36	20	－4針
35	24	－4針
34	28	－4針
33	32	－8針
32	40	－4針
28～31	44	不加減
27	44	＋4針
26	40	不加減
25	40	＋8針
24	32	＋8針
23	24	＋8針
22	16	＋8針
21	8	－4針
20	12	－4針
19	16	－4針
18	20	－4針
17	24	不加減
16	24	不加減【鎖3，9短針】2次
4～15	24	不加減
3	24	＋8針
2	16	＋8針
1	8	不加減
起針	8	鎖針起針，頭尾引拔

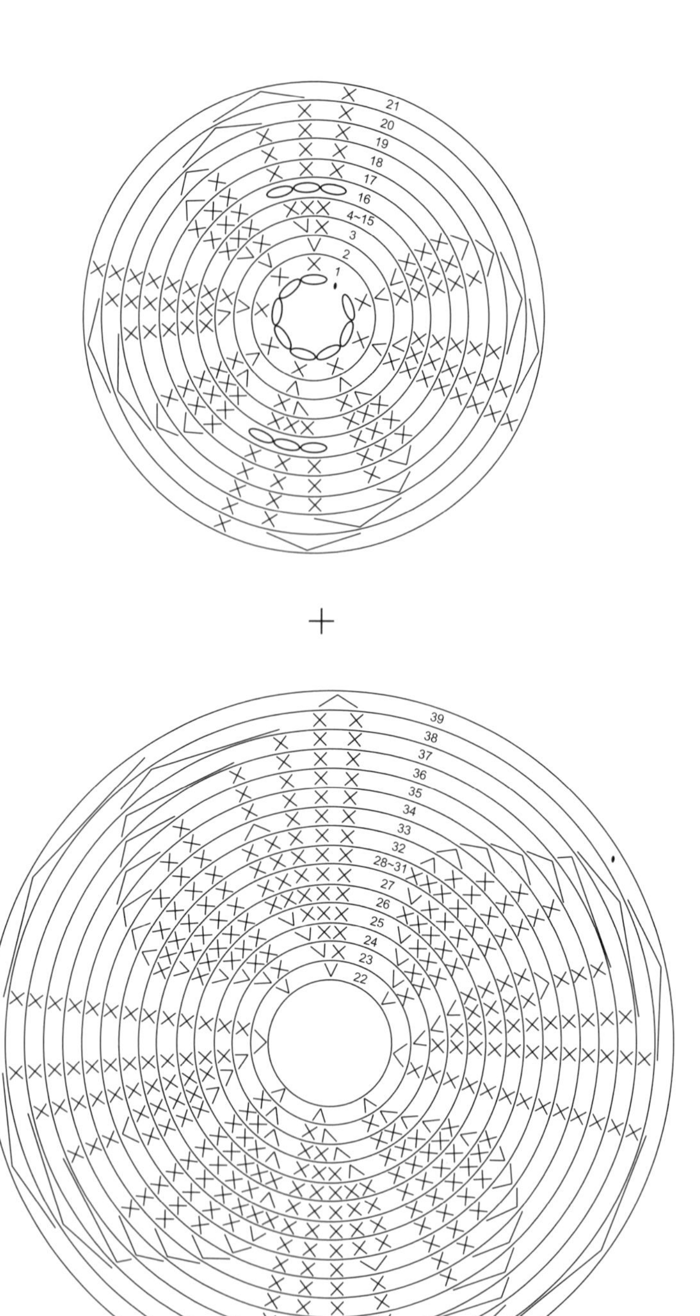

手　2個／娃娃紗・膚

在稻草人主體的第16段接線（左右共2處），
挑6針短針，以輪編鉤織14段不加減的短針。

衣服　1個／娃娃紗・白

鎖針起針26針，以往返編鉤織10段不加減的中長針。接依織圖在第11段鉤織2次4鎖針，第12、13段各減2針。

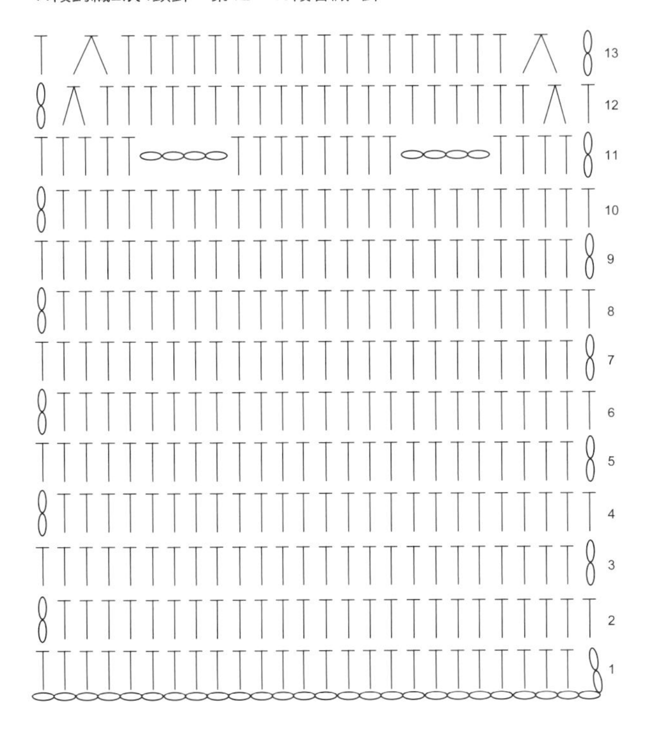

帽子　1個／娃娃紗・土黃

段	針數	加減針
16	66	＋6針
15	60	＋6針
14	54	＋6針
13	48	＋6針，畝編
9～12	42	不加減
8	42	不加減，畝編
7	42	＋6針
6	36	＋6針
5	30	＋6針
4	24	＋6針
3	18	＋6針
2	12	＋6針
1	6	輪狀起針

房子毛球　2個／萌美麗諾・白、灰、深粉、藍綠

依圖示圈數，於65mm製球器繞線，完成毛球。取下後，白色及灰色部分切齊，剪短成凵形。屋頂不必剪短，修齊即可。

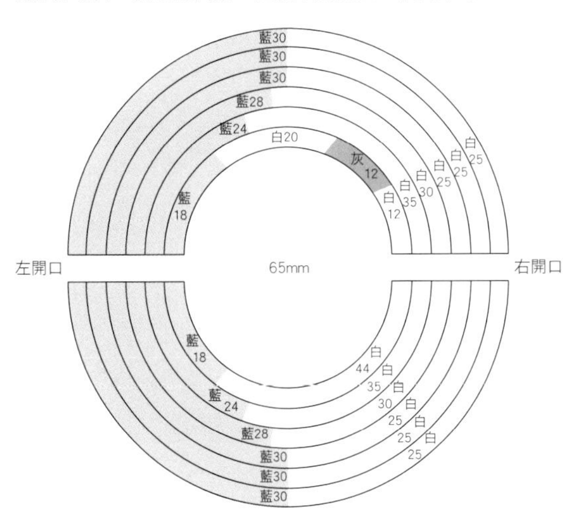

愛心毛球　1個／萌美麗諾・紅

在55mm製球器繞線，每層40圈，共6層。取下毛球後，修剪成愛心形即可。

12 P.21 秋之獻禮

線材 娃娃紗／芥茉黃（03）
呼拉拉／白（02）、紅（16）、深咖啡（09）
萌美麗諾／咖啡（15）、淺棕（14）、白（01）

工具 2/0 號．3/0 號鉤針、毛線針、製球器 55mm

尺寸 藤圈外徑 16cm

其他 10mm 黃色小毛球數顆

作法 依織圖完成蘑菇、落葉後，以製球器製作松果及棉花數顆；最後以熱融膠固定於藤圈適當位置上，完成！

棉花花萼　2片／呼拉拉．深咖啡

段	針數	加減針
18	1	不加減
17	1	－1針
13～16	2	不加減
12	2	－2針
11	4	每隔4目接線 鉤織11～18段 共5次
10	40	不加減
9	40	＋10針
8	30	＋6針
7	24	＋6針
6	18	＋6針
5	12	＋4針．畝編
4	8	＋4針
2～3	4	不加減
1	4	輪狀起針

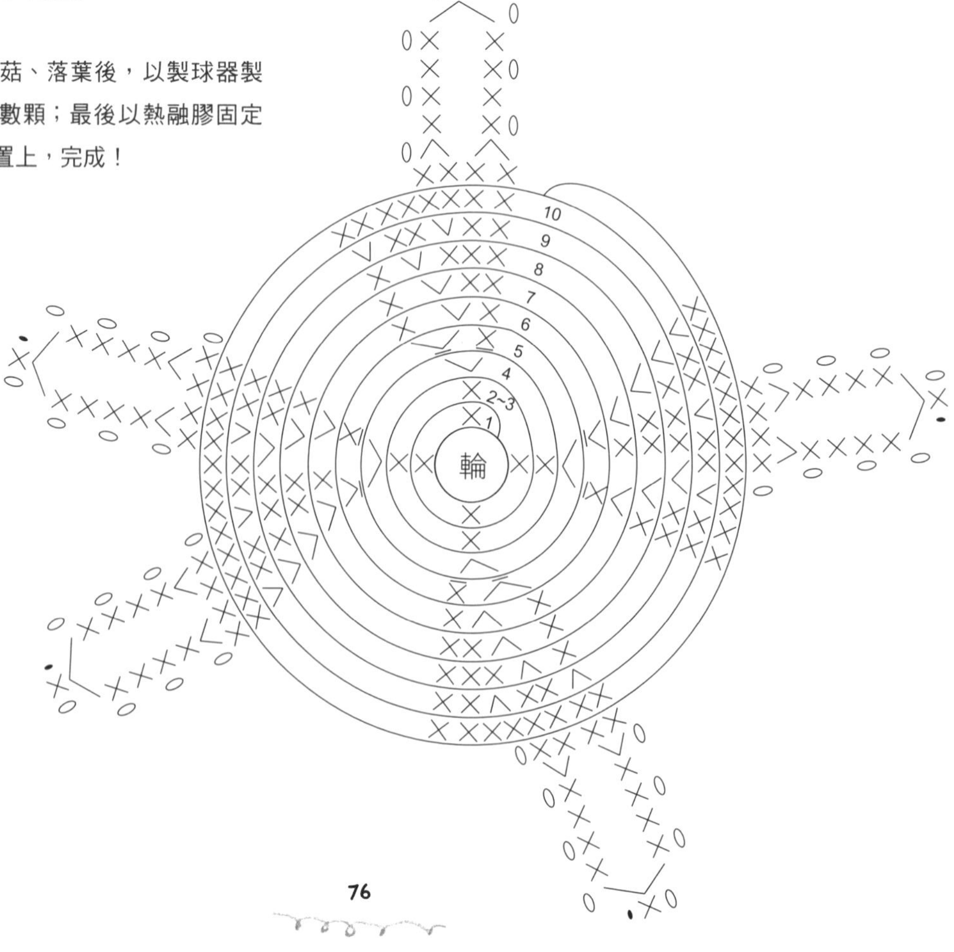

落葉　3片／娃娃紗．芥茉黃

鎖針起針7針，挑針一圈鉤織15針短針。第2段開始皆為畝編，依織圖加減針鉤至第13段（含葉柄）。

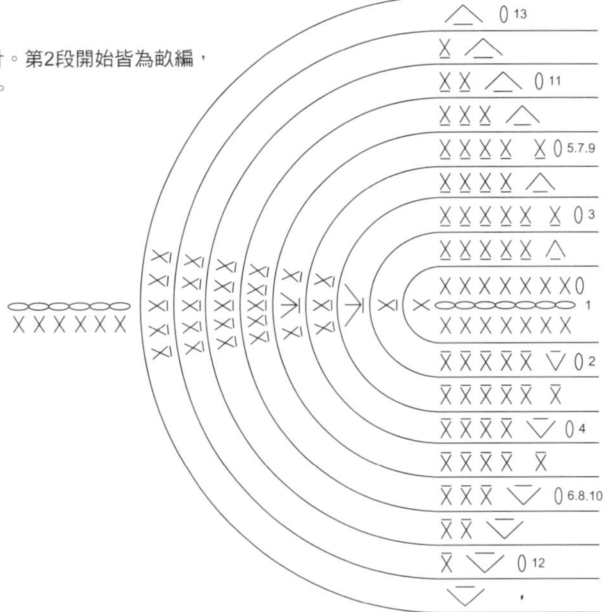

棉花毛球　2個／萌美麗諾．白

於55mm製球器繞線，完成毛球。取下後，下半部為棉花底部，修齊後使用熱融膠與花萼貼合。上半部以戳針分成五個同等大小區塊，完成毛球棉花。

上：取雙線，每層繞20圈。
下：
①繞22圈
②繞20圈
③繞18圈
④繞15圈

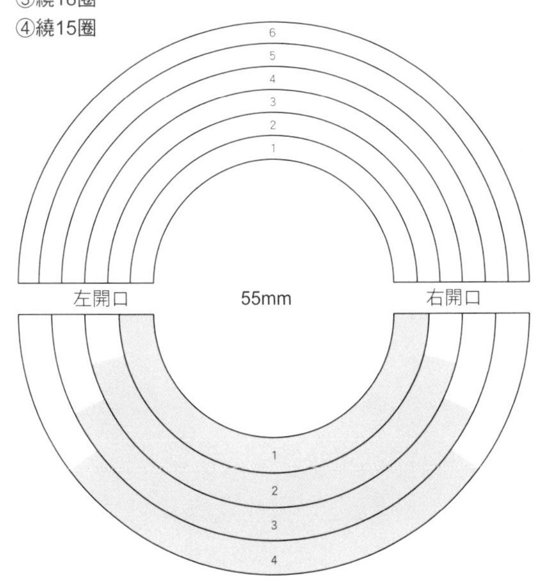

松果毛球　2個／萌美麗諾．深咖、淺褐

上：取深咖雙線，每層繞20圈。
下：
①②繞26圈
③繞22圈
④⑤繞16圈
⑥繞14圈
⑦繞12圈
⑧繞10圈
⑨⑩繞8圈

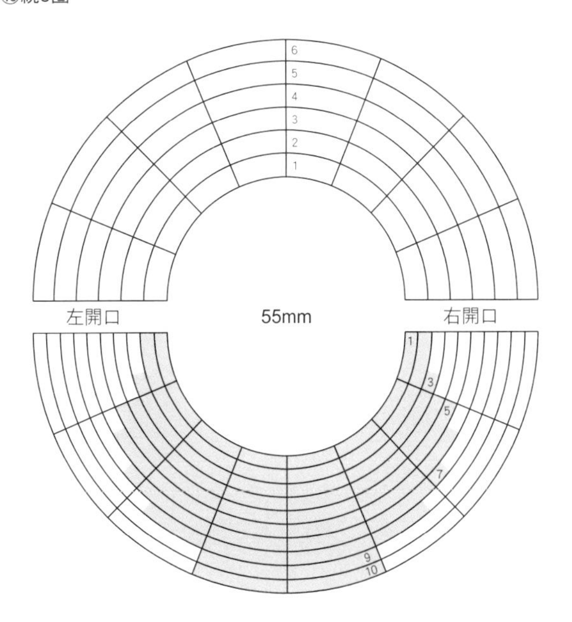

一體成型瘦蘑菇　1個

輪狀起針，開始鉤織23段的蕈柄。第24段換線，逆向鉤織蕈傘，第25段為蘑菇頂端，由頂端往下鉤。鉤織完成後在蕈傘塞入棉花，最終段與段18畝編的另一條線縫合。

段	針數	加減針	顏色
37	10	－10針 與段18縫合	蕈傘 呼拉拉・紅
36	20	不加減・畝編	
31～35	20	不加減	
30	20	＋4針	
29	16	不加減	
28	16	＋4針	
27	12	＋4針	
26	8	＋4針	
25	4	－2針	
24	6	立1鎖針反向鉤 －2針	
22～23	8	不加減	蕈柄 呼拉拉・白
21	8	－2針	
19～20	10	不加減	
18	10	不加減・畝編	
5～17	10	不加減	
4	10	－2針	
3	12	不加減	
2	12	＋6針	
1	6	輪狀起針	

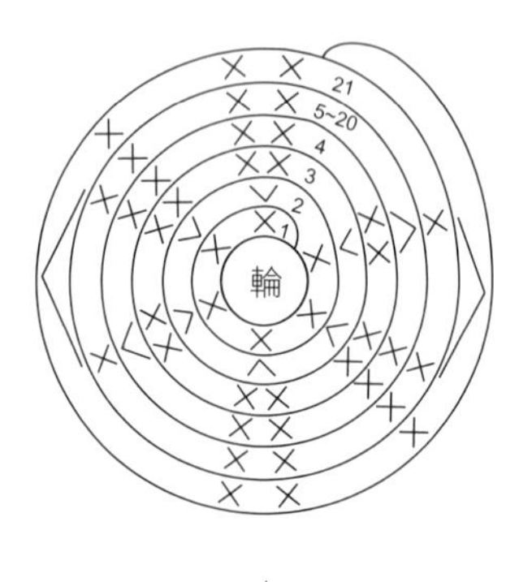

＋

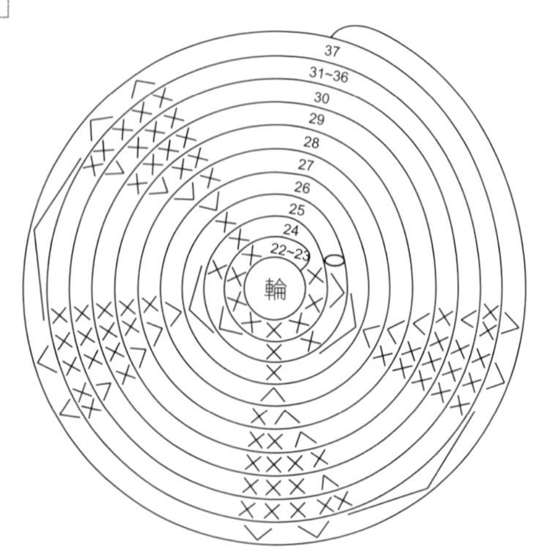

一體成型胖蘑菇　1個

輪狀起針，開始鉤織13段的蕈柄。第14段換線鉤織蕈傘，第16段開始逆向，由頂端往下鉤。鉤織完成後在蕈傘塞入棉花，最終段與段9畝編的另一條線縫合。

段	針數	加減針	顏色
28	10	－10針 與段9縫合	蕈傘 呼拉拉・紅
27	20	－10針	
26	30	不加減・畝編	
24～25	30	不加減	
23	30	＋6針	
22	24	不加減	
21	24	＋4針	
20	20	不加減	
19	20	＋4針	
18	16	＋4針	
17	8	＋4針	
16	4	立1鎖針反向鉤 －2針	
15	6	－2針	
14	8	不加減	
13	8	不加減	蕈柄 呼拉拉・白
12	8	－2針	
10～11	10	不加減	
9	10	不加減・畝編	
7～8	10	不加減	
6	10	－2針	
3～5	12	不加減	
2	12	不加減	
1	6	輪狀起針	

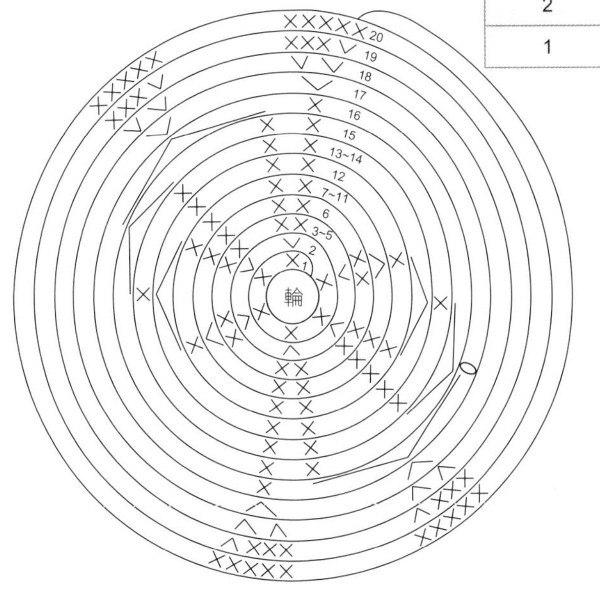

＋

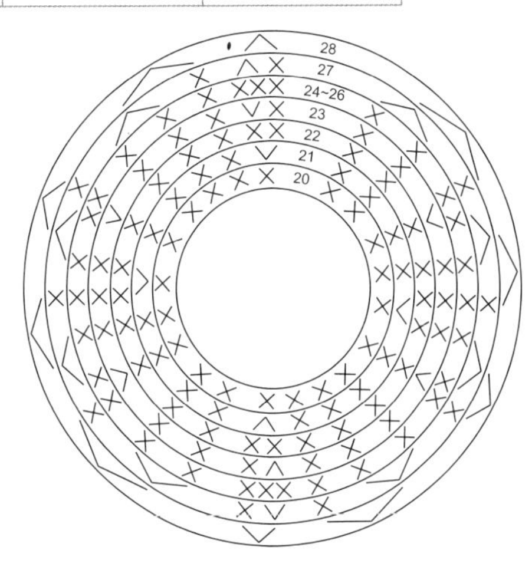

13 P.22 海上風光

線材 貝碧嘉／白（01）、黃（04）、鵝黃（54）、卡其（08）、寶藍（08）
樹／寶藍（01）
極太／淺藍（32）、藍（33）

工具 5/0 號鉤針、毛線針、製球器 45mm

尺寸 保麗龍圈外徑 25cm

作法 以寶藍色的樹毛線將保麗龍圈纏繞包覆平整，即完成花圈主體。
使用極太紗製作毛球，單邊纏繞 120 圈，取下後修剪成圓，將兩色交錯排列作出海浪模樣。
依織圖完成帆船船身及甲板，在船底放入紙板、填入棉花後，甲板與船身的第 37 段內側線縫合。將旗子固定於竹棍上，再以熱融膠貼合於船中央。
海鷗及帆船以熱融膠固定於花圈適當位置，完成！

帆船船身　1 個

鎖針起針1針，依織圖加減針，以往復編鉤織29段短針，接著沿周圍鉤織一圈短針的緣編，完成船底。繼續以畝編鉤織第31段，第34段改換寶藍色線，35至37換回卡其色鉤織，最後的第37段鉤筋編。

帆船甲板　1 片／貝碧嘉・卡其

同船身第1至30段

帆船

分別鉤織船身與甲板。

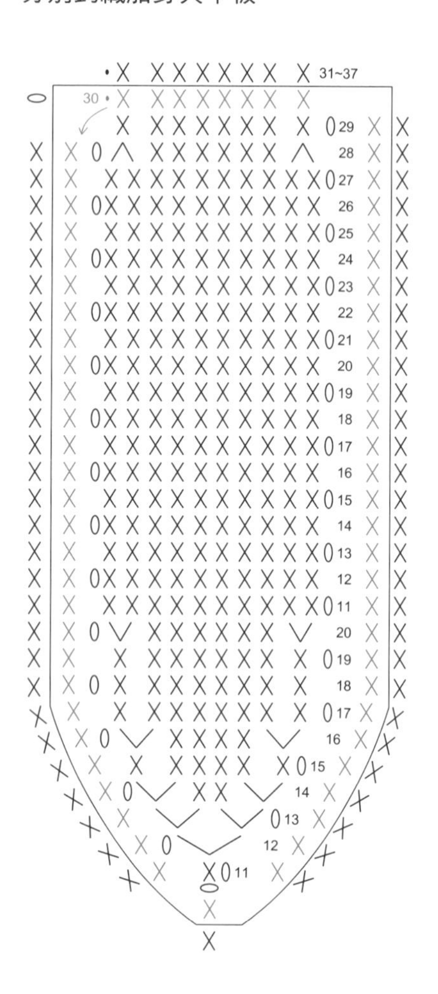

海鷗　2個

輪狀起針，以黃色線鉤織5段的鳥嘴，第6段開始換白色線，鉤至第18段。接著塞入棉花，再將輪狀織片壓扁呈對摺狀，挑8針鉤織＆併縫開口，接續進行鳥尾部分。

段	針數	加減針	顏色
22	10	不加減	鳥尾 貝碧嘉・白
21	10	＋2針	
20	8	不加減	
19	8	塞入棉花後 壓扁合併鉤織	
12～18	16	不加減	貝碧嘉・白 鳥嘴
11	16	－2針	
10	18	－2針	
9	20	－4針	
8	24	不加減	
7	24	＋6針	
6	18	＋6針	
5	12	＋6針	鳥嘴 貝碧嘉・黃
3～4	6	不加減	
2	6	＋2針	
1	4	輪狀起針	

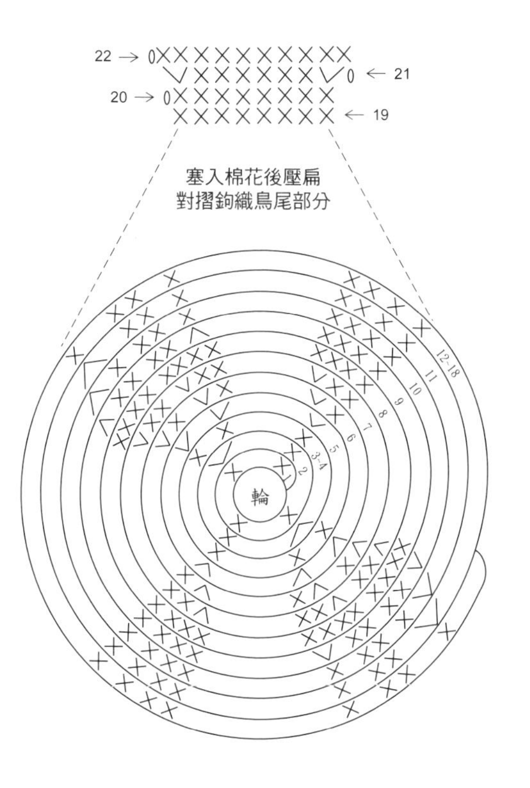

海鷗翅膀　4個／貝碧嘉・白

段	針數	加減針
9～17	8	不加減
8	8	－2針
7	10	不加減
6	10	＋2針
3～5	8	不加減
2	8	＋2針
1	6	輪狀起針

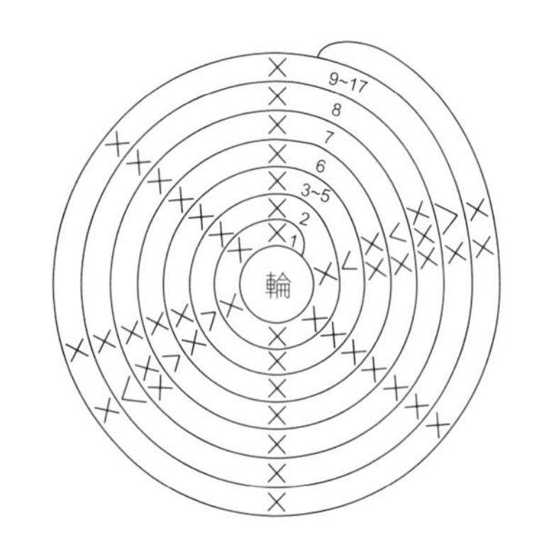

海浪毛球　約 10 個

在 45mm 製球器繞線，每層 15 圈，共 4 層。

旗子　1片／貝碧嘉・鵝黃

鎖針起針1針，依織圖以往復編鉤織15段短針，接著沿周圍鉤織一圈短針的緣編即完成。

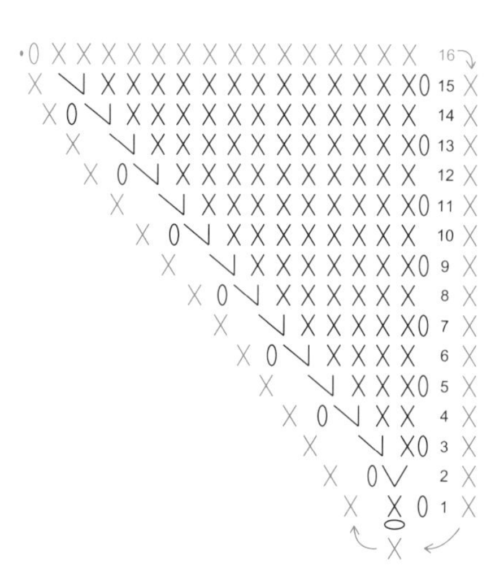

14 P.24 水裡有河童

線材 旋轉木馬／藍（08）
娃娃紗／淺綠（29）、黃色（03）
諾古力／白（01）
貝碧嘉／草綠（06）、綠色（25）

工具 3/0 號・5/0 號・8/0 號鉤針、毛線針

尺寸 保麗龍圈外徑 25cm

其他 8mm 紅色・粉紅色平底半圓各 2 個、10mm 黑色平底半圓 2 個

作法 參照 P.46 作法，以旋轉木馬毛線鉤織片狀織片，完成後將保麗龍圈包覆其中，織片兩側對齊縫合，再併縫頭尾銜接處，完成花圈主體。
依織圖完成水草及縫合好的河童後，以熱融膠固定於花圈適當位置，完成！

花圈本體　1個／旋轉木馬・藍

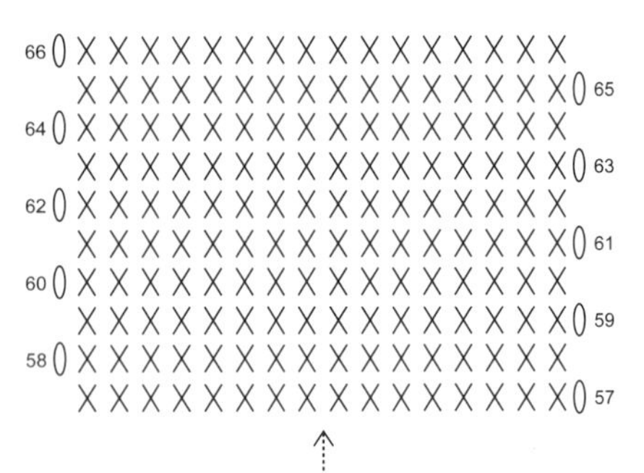

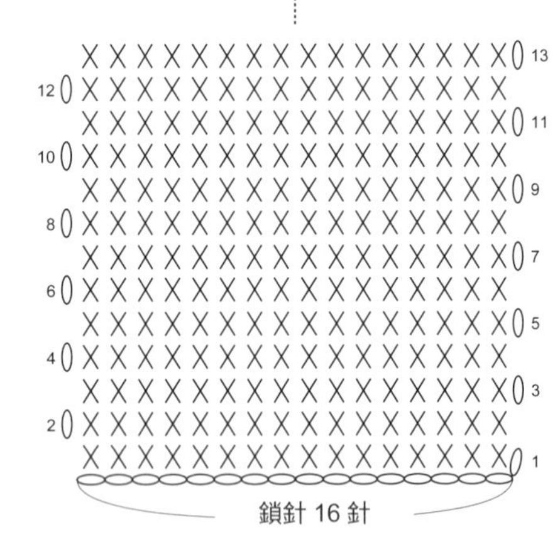

河童頭　2個／貝碧嘉・草綠

段	針數	加減針
14	6	－6針
13	12	－6針
12	18	－6針
11	24	－6針
6～10	30	不加減
5	30	＋6針
4	24	＋6針
3	18	＋6針
2	12	＋6針
1	6	輪狀起針

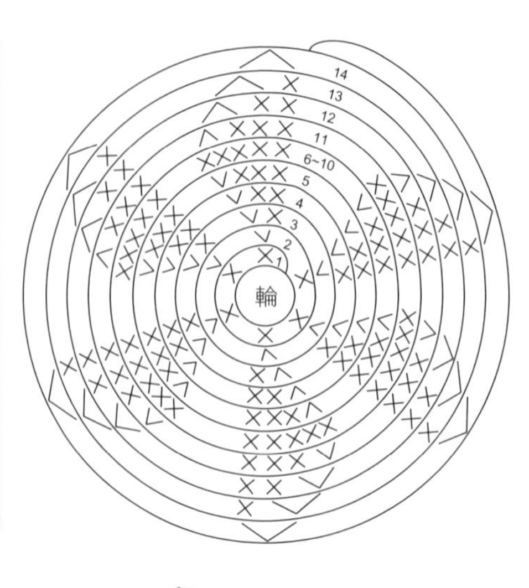

河童頭環　2條／貝碧嘉・綠色

鎖針起針30針。第1段依織圖鉤織30針短針，第2段鉤引拔針與4長針的加針，完成後將織片頭尾縫合，再固定於河童頭上。

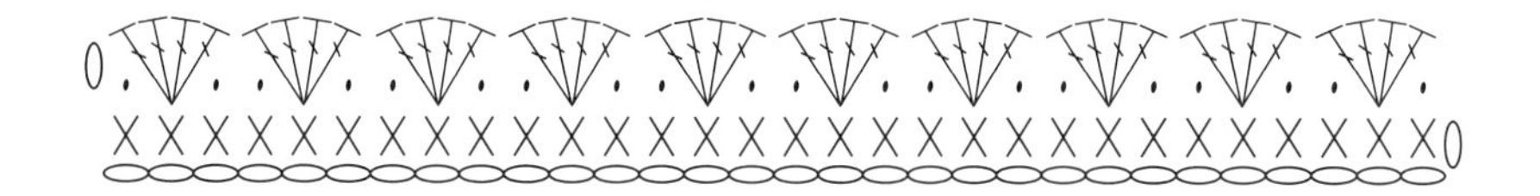

河童腳＋身體／貝碧嘉・草綠

部位	段	針數	加減針
身體1個	15～18	20	不加減
	14	20	－2針
	8～13	22	不加減
	7	22	＋2針 在雙腳上挑針 合併成1個身體
腳2個	3～6	10	不加減
	2	10	＋5針
	1	5	輪狀起針

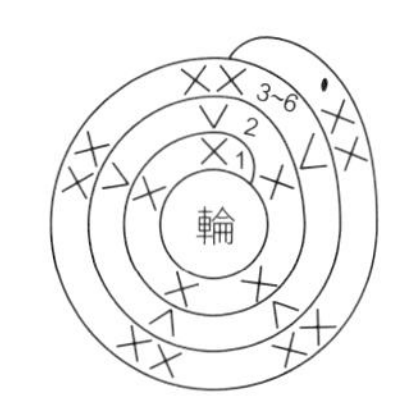

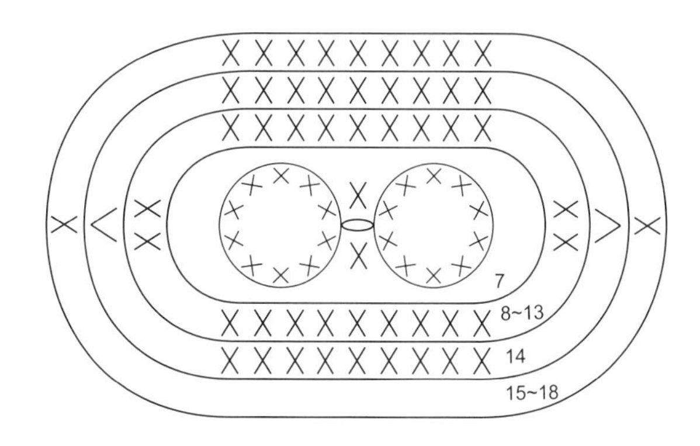

河童嘴巴　2個／娃娃紗・黃色

鎖針起針 4 針，依織圖在鎖針上鉤織一圈短針。

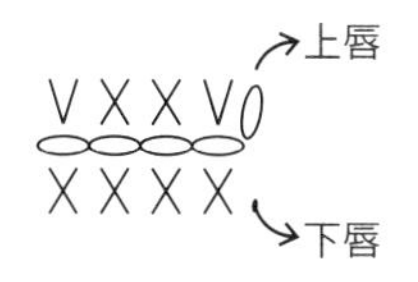

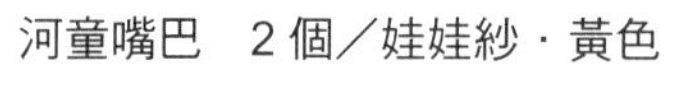

河童手　2個／貝碧嘉・草綠

段	針數	加減針
2～9	8	不加減
1	8	輪狀起針

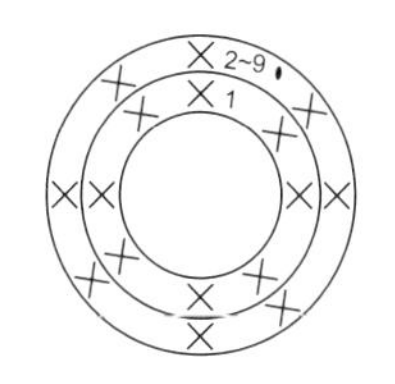

水草

取娃娃紗・淺綠與諾古力・白各一條，以雙線合鉤。

A：鉤至 14 段　4 條

B：鉤至 16 段　5 條

C：鉤至 20 段　2 條

段	針數	加減針
3～20	10	不加減
2	10	＋5針
1	5	輪狀起針

15 P.25

中秋——玉兔搗藥

線材 亮彩／黃（03）
辛樂／米白（01）
麻繩／原色
貝碧嘉／墨綠（24）、深咖（65）

工具 4/0 號・5/0 號鉤針、毛線針

尺寸 保麗龍圈外徑 25cm

其他 8mm 黑色平底半圓 4 個

作法 參照 P.046 作法，以亮彩毛線鉤織片狀織片，完成後將保麗龍圈包覆其中，織片兩側對齊縫合，再併縫頭尾銜接處，完成花圈主體。
依織圖完成兔子及搗藥缽，各自縫合後，以熱融膠固定於花圈適當位置，完成！

兔子頭　2個／辛樂・米白

段	針數	加減針
15	6	－6針
14	12	－6針
13	18	－6針
12	24	－6針
11	30	－6針
7～10	36	不加減
6	36	＋6針
5	30	＋6針
4	24	＋6針
3	18	＋6針
2	12	＋6針
1	6	輪狀起針

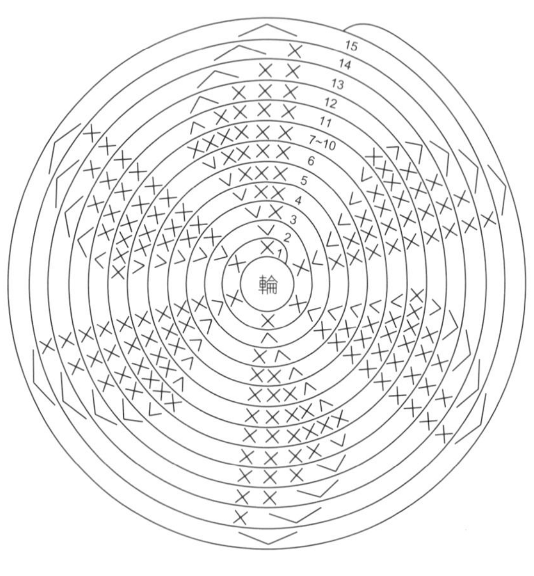

兔子身體　1個／辛樂・米白

段	針數	加減針
13～15	24	不加減
12	24	－2針
11	26	不加減
10	26	－2針
9	28	不加減
8	28	－2針
6～7	30	不加減
5	30	＋6針
4	24	＋6針
3	18	＋6針
2	12	＋6針
1	6	輪狀起針

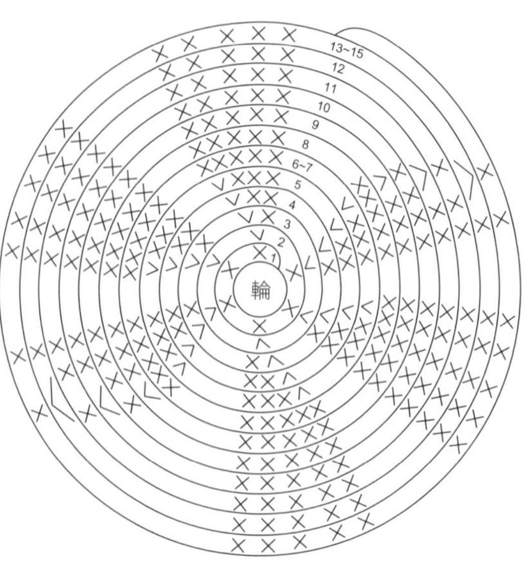

兔子手　2個／辛樂・米白

段	針數	加減針
3～8	10	不加減
2	10	＋5針
1	5	輪狀起針

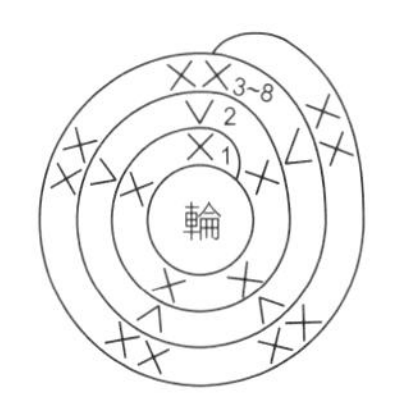

兔子耳朵　4個／辛樂・米白

段	針數	加減針
3～9	12	不加減
2	12	＋6針
1	6	輪狀起針

搗藥缽　1個／麻繩・原色

段	針數	加減針
10	24	不加減・筋編
6～9	24	不加減
5	24	不加減・畝編
4	24	＋6針
3	18	＋6針
2	12	＋6針
1	6	輪狀起針

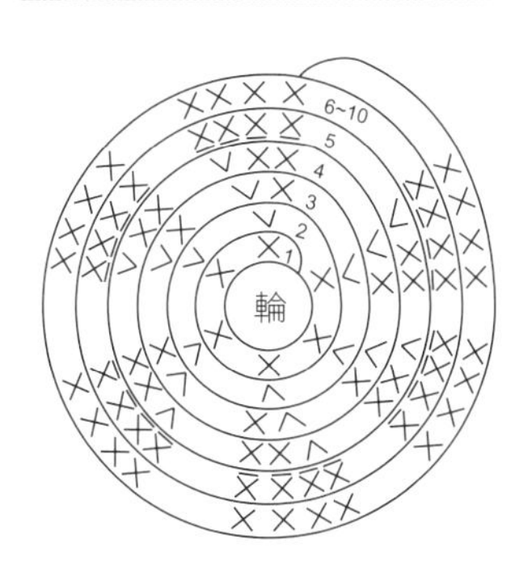

草藥缽蓋　1個／貝碧嘉・墨綠

同搗藥缽第 1 至 4 段。

搗藥杵　1個／貝碧嘉・深咖

段	針數	加減針
2～9	5	不加減
1	5	輪狀起針

花圈本體　1個／亮彩・黃　5/0號鉤針

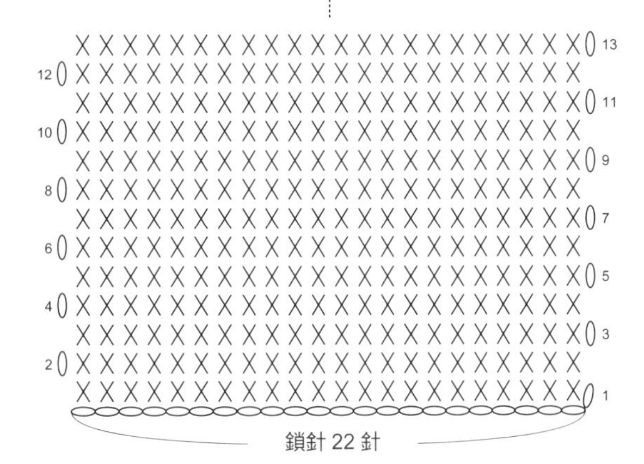

16 P.26 萬聖狂歡夜

線材 哈隆／白（01）
公仔線／土黃（13）、橘（18）、黑（16）
迷你仔／草綠（16）、深咖（23）、白（01）

工具 5/0 號・8/0 號鉤針、毛線針

尺寸 保麗龍圈外徑 25cm

其他 黑色毛根數枝、6mm 動動眼 4 個、10mm・12mm 黑色平底半圓各 2 個

作法 參照 P.46 作法，以哈隆毛線鉤織片狀織片，完成後將保麗龍圈包覆其中，織片兩側對齊縫合，再併縫頭尾銜接處，完成花圈主體。
依織圖分別鉤織南瓜、蜘蛛、綠巨人及木乃伊，各自組合後，以熱融膠固定於花圈適當位置，完成！

花圈本體　1 個／哈隆・白　4/0 號鉤針

共織 112 段

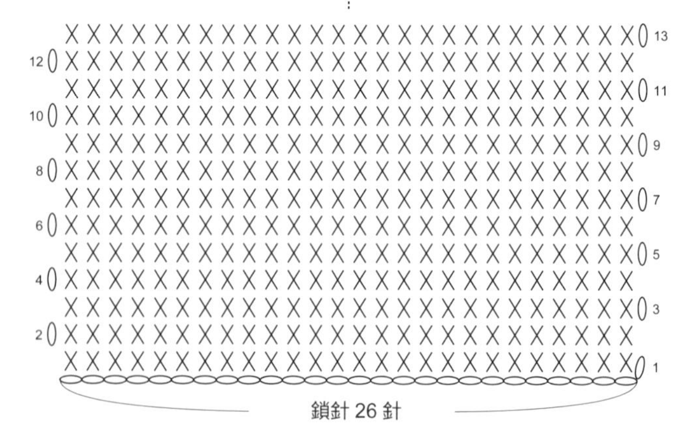

小南瓜梗　1個／公仔線・土黃

段	針數	加減針
5	12	＋4針
4	8	＋4針，筋編
2～3	4	不加減
1	4	輪狀起針

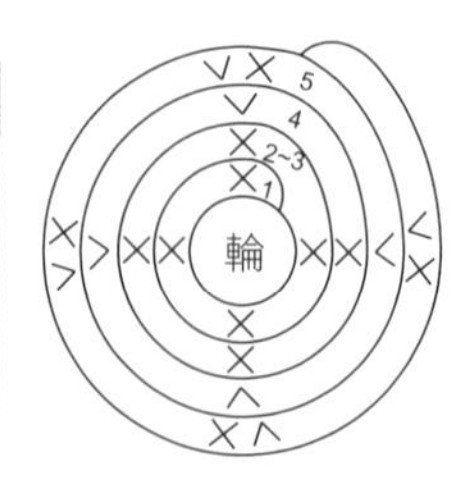

大南瓜　1個／公仔線・橘

段	針數	加減針
18	8	－8針
17	16	－8針
16	24	－8針
15	32	－8針
14	40	－8針
7～13	48	不加減
6	48	＋8針
5	40	＋8針
4	32	＋8針
3	24	＋8針
2	16	＋8針
1	8	輪狀起針

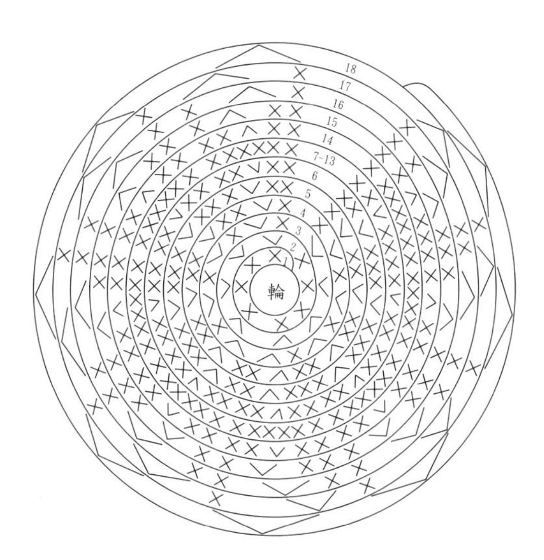

小南瓜　1個／公仔線・橘

段	針數	加減針
14	8	－8針
13	16	－8針
12	24	－8針
11	32	－4針
6～10	36	不加減
5	36	＋4針
4	32	＋8針
3	24	＋8針
2	16	＋8針
1	8	輪狀起針

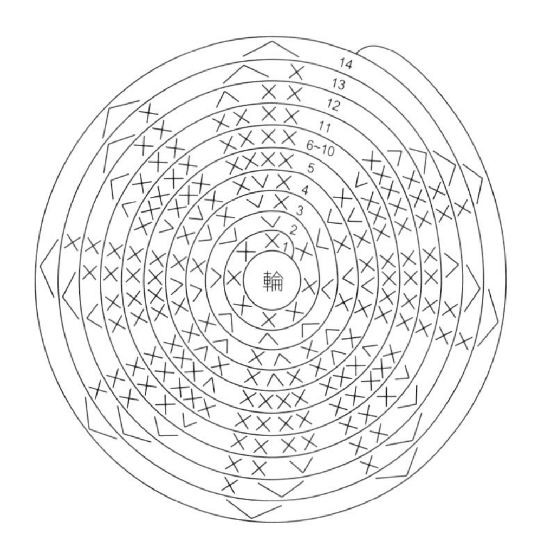

大南瓜梗　1個／公仔線・土黃

段	針數	加減針
7	20	＋5針
6	15	＋5針
5	10	＋5針，筋編
2～4	5	不加減
1	5	輪狀起針

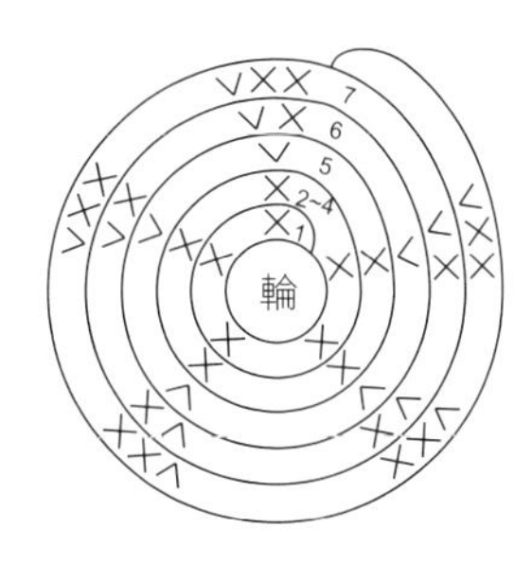

蜘蛛身體　2個／公仔線・黑

段	針數	加減針
15	6	－6針
14	12	－3針
13	15	不加減
12	15	＋3針
10～11	12	不加減
9	12	－3針
8	15	－3針
4～7	18	不加減
3	18	＋6針
2	12	＋6針
1	6	輪狀起針

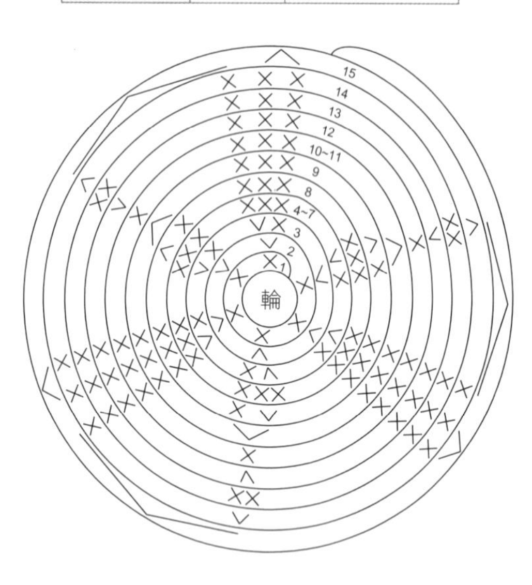

綠巨人頭髮　1片／迷你仔線・深咖

鎖針起針12針，在鎖針上鉤織一圈短針。接著依織圖分6次鉤織段2～6，第2段皆鉤畝編。完成後將頭髮縫於綠巨人段13開口。（織圖顏色僅方便區分針目之用）

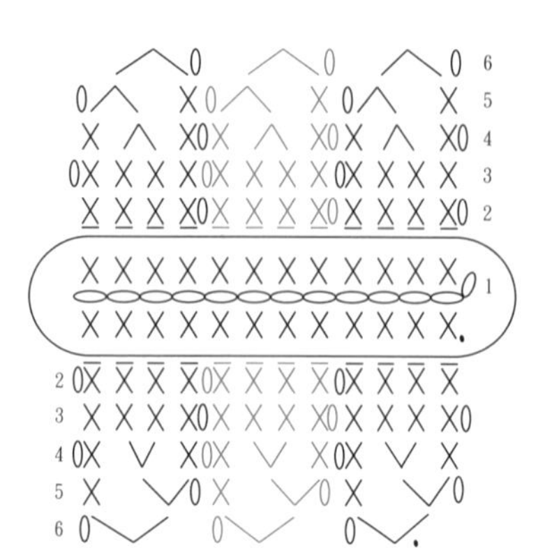

木乃伊　1個

完成後以深咖啡迷你仔線於白色區塊交織，拉出線條。

段	針數	加減針	顏色
10～13	24	不加減	迷你仔・白
5～9	24	不加減	迷你仔・深咖
2～4	24	不加減	迷你仔・白
1	24	不加減	
起針	12	鎖針起針	

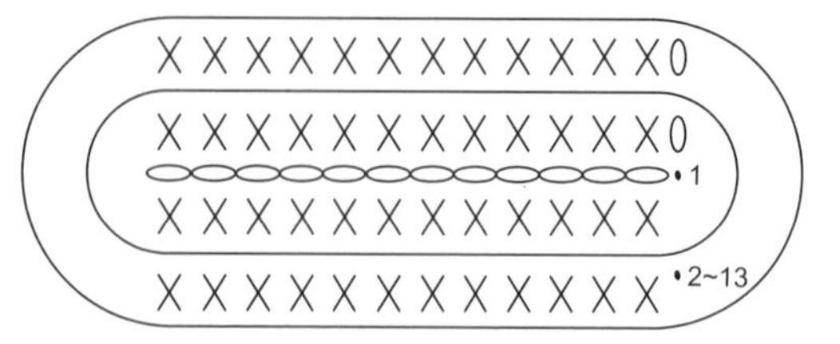

木乃伊頭蓋　1個／迷你仔・白

鎖針起針12針，依織圖在鎖針上鉤織一圈短針。
接著將頭蓋與木乃伊本體一目對一目縫合。

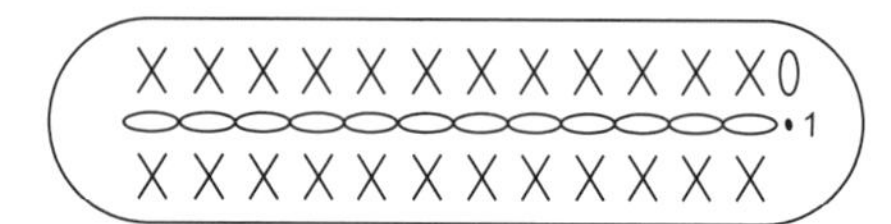

木乃伊眼睛2個／迷你仔・白

綠巨人　1個／迷你仔・綠

鎖針起針12針，在鎖針上鉤織一圈短針。
接著不加減針以輪編鉤至13段。

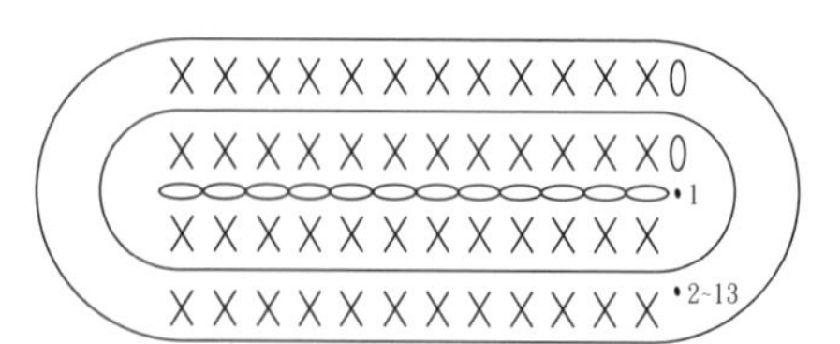

21 P.31 迎財神

線材 貝碧嘉／膚色（35）、紅色（14）、黃色（55）
樹／紫（10）
迪士可／古銅金（04）

工具 5/0 號・8/0 號鉤針、毛線針

尺寸 保麗龍圈外徑 25cm

其他 各式寶石數顆、銅錢 2 枚

作法 以樹毛線將保麗龍圈圈纏繞包覆平整，即完成花圈主體。
依織圖完成財神爺各部位並組合後，以熱融膠將娃娃及元寶固定於花圈適當位置，完成！

財神頭　1個／貝碧嘉・膚

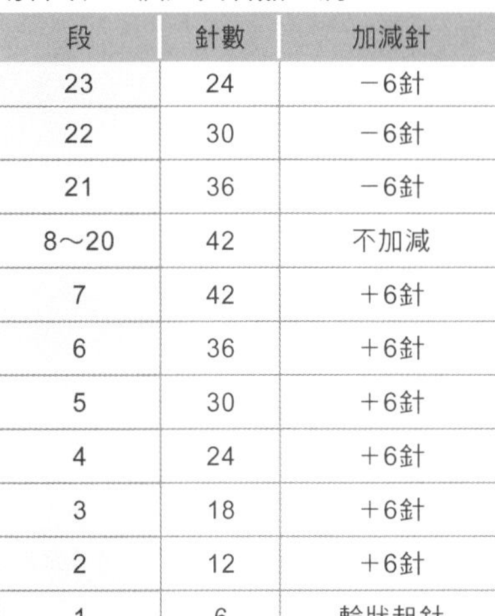

段	針數	加減針
23	24	－6針
22	30	－6針
21	36	－6針
8～20	42	不加減
7	42	＋6針
6	36	＋6針
5	30	＋6針
4	24	＋6針
3	18	＋6針
2	12	＋6針
1	6	輪狀起針

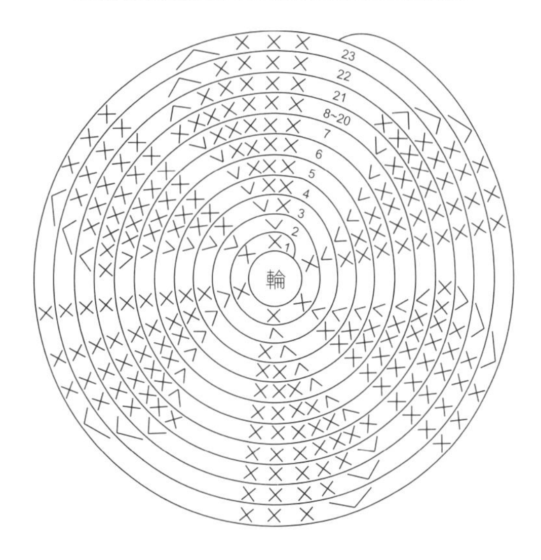

財神耳朵／貝碧嘉・膚

於臉部適當位置接線，依織圖在5針上鉤織。

左耳：由上往下

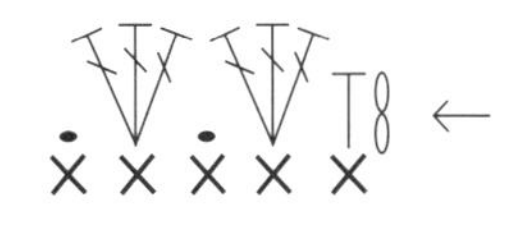

右耳：由下往上

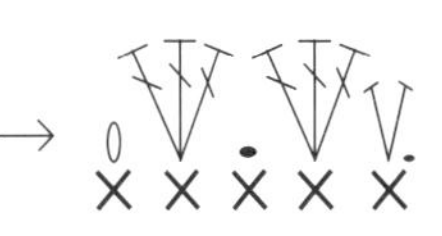

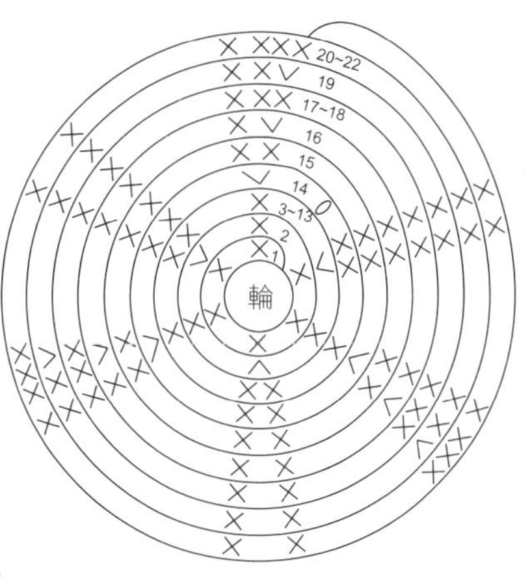

財神手　2個

段	針數	加減針	顏色
22	18	不加減	貝碧嘉・黃
20～21	18	不加減	貝碧嘉・紅
19	18	＋3針	
17～18	15	不加減	
16	15	＋3針	
15	12	不加減	
14	12	＋3針 立1鎖針， 逆向鉤織	
12～13	9	不加減	
3～11	9	不加減	貝碧嘉・膚
2	9	＋3針	
1	6	輪狀起針	

金元寶　7個／迪士可・古銅金

元寶底

鎖針起針6針，在鎖針上鉤織一圈短針，接著依織圖進行加針，第3段鉤畝編，第5段鉤筋編。

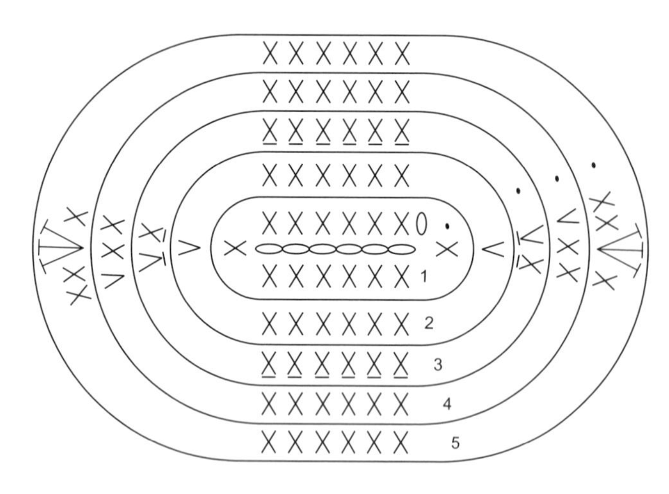

元寶蓋

鎖針起針6針，在鎖針上鉤織一圈短針，接著依織圖進行加針。一邊與元寶底的第5段縫合，一邊塞入少許棉花。

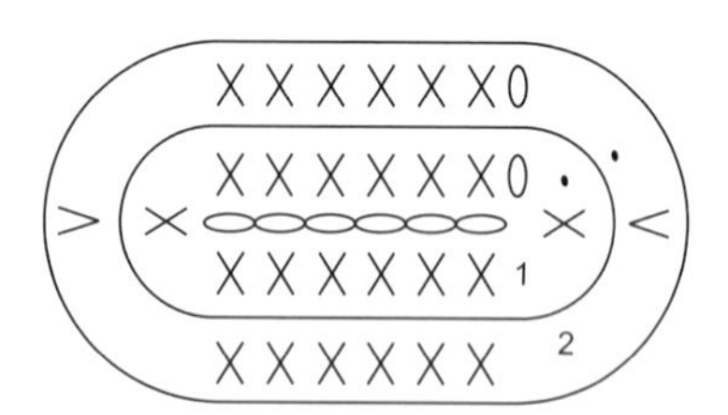

元寶頭

段	針數	加減針
3	9	不加減
2	9	＋3針
1	6	輪狀起針

財神身體　1個

段	針數	加減針	顏色
21	24	不加減	貝碧嘉・紅
20	24	－4針	
19	28	不加減	
18	28	－4針	
17	32	不加減	
16	32	－4針	
15	36	不加減	
14	36	－4針	
13	40	不加減	
12	40	－4針	
10～11	44	不加減	
9	44	－4針	貝碧嘉・黃
8	48	＋6針	
7	42	＋6針	
6	36	＋6針	
5	30	＋6針	
4	24	＋6針	
3	18	＋6針	
2	12	＋6針	
1	6	輪狀起針	

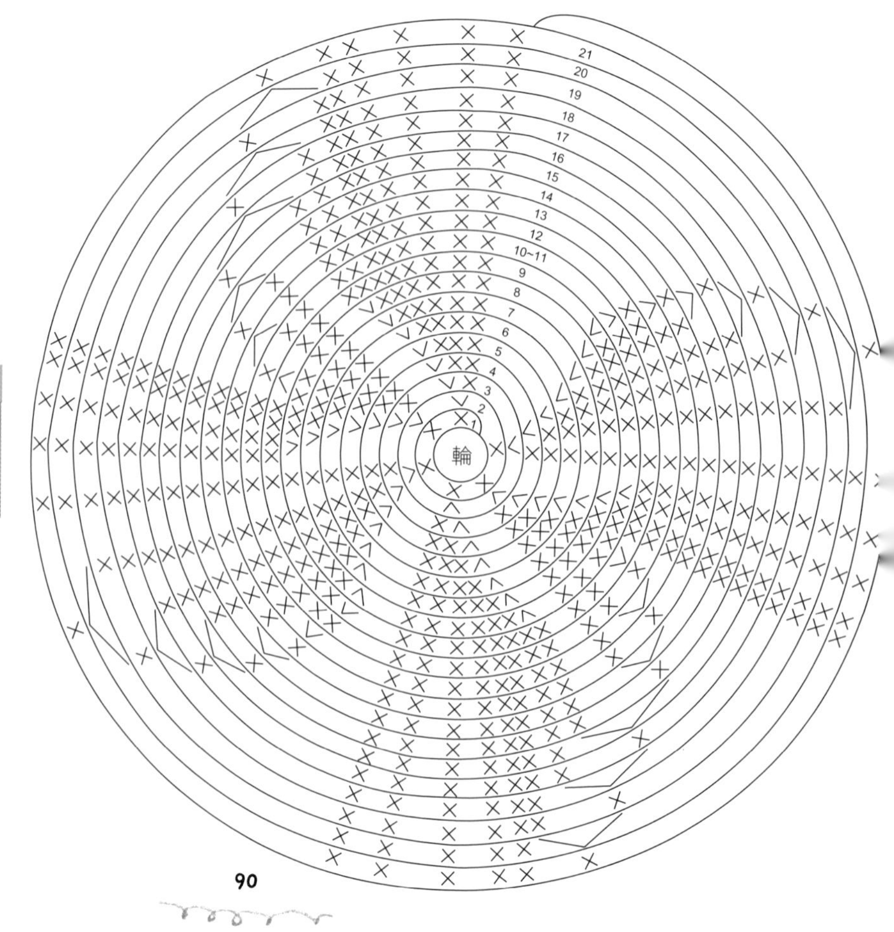

財神帽／貝碧嘉・紅

帽頂填入少量棉花，疊放於帽身上縫合。
帽翅置於帽身左右兩側縫合，黏貼寶石與銅錢即完成。

帽翅　2個

段	針數	加減針
9～14	6	不加減
8	6	－6針
7	12	－6針
4～6	18	不加減
3	18	＋6針
2	12	＋6針
1	6	輪狀起針

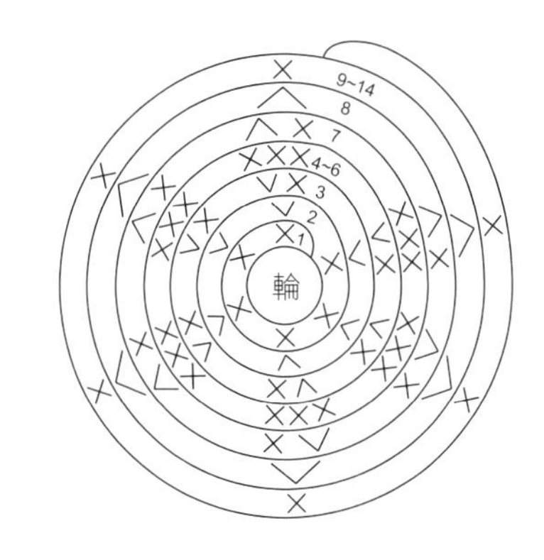

帽身　1個

段	針數	加減針
10～14	45	不加減
9	45	＋3針
8	42	不加減
7	42	＋6針
6	36	＋6針
5	30	＋6針
4	24	＋6針
3	18	＋6針
2	12	＋6針
1	6	輪狀起針

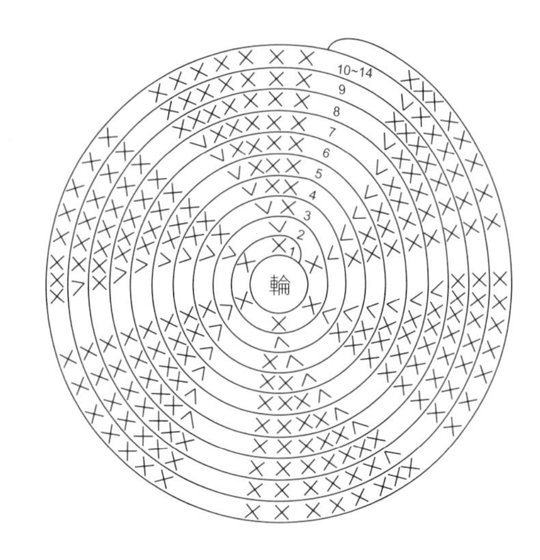

帽頂／1個

輪狀起針，完成第5段後，鉤1鎖針作為立起針，逆向進行往復編的6～8段，剪線。依織圖接線，鉤織另一側的6～8段，並且直接在第5段挑針，此處開始以輪編繼續鉤織第9到13段。

段	針數	加減針
4～5	18	不加減
3	18	＋6針
2	12	＋6針
1	6	輪狀起針

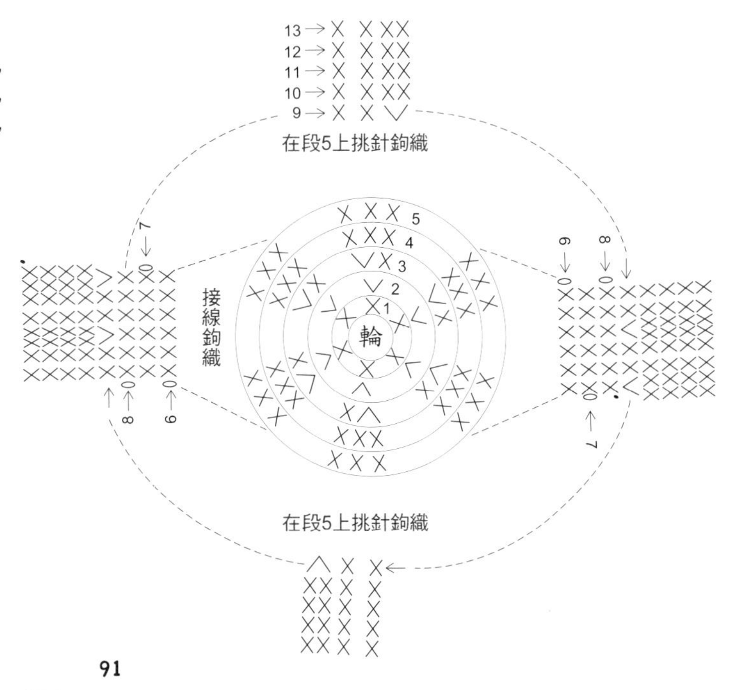

17 P.26 小鬼當家

線材 金葱彩線／古銅金（TX583）
貝碧嘉／紅（14）
迷你仔／黑（12）、白（01）

工具 5/0 號鉤針、毛線針

尺寸 白色毛根 30cm 2 條、8mm 黑色・粉紅色平底半圓各 4 個

其他 保麗龍圈外徑 25cm

作法 以貝碧嘉紅色及金葱彩線交錯纏繞，將保麗龍圈圈包覆平整，即完成花圈主體。依織圖完成幽靈及骷髏頭，毛根凹折成十字架狀，以熱融膠固定於花圈適當位置，完成！

幽靈　2個／迷你仔・白

段	針數	加減針
18	2	－2針
17	4	不加減
16	4	－4針
15	8	不加減
14	8	－2針
13	10	－10針
12	20	－2針
11	22	不加減
10	22	－4針
9	26	－4針
6～8	30	不加減
5	30	＋6針
4	24	＋6針
3	18	＋6針
2	12	＋6針
1	6	輪狀起針

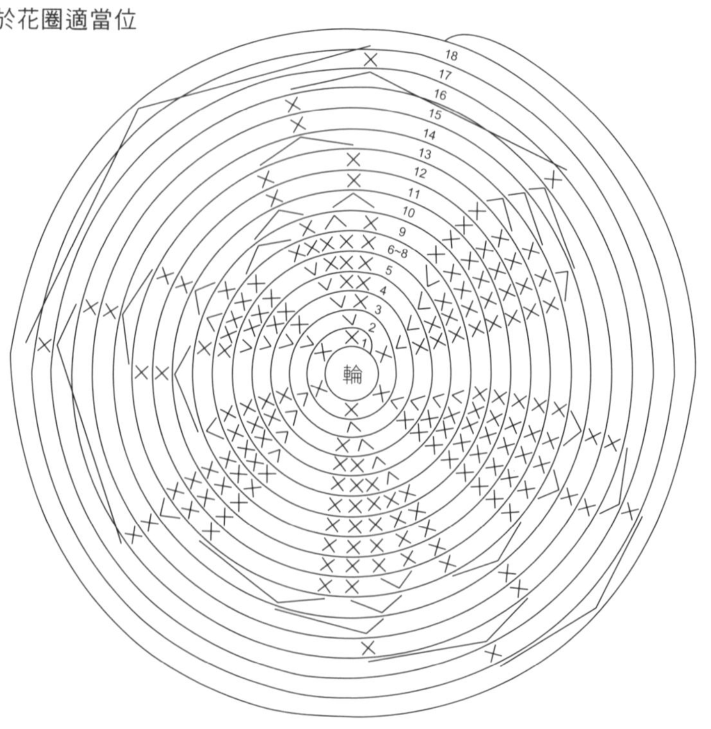

骷髏頭　2個／迷你仔・白

段	針數	加減針
17	8	－8針
13～16	16	不加減
12	16	－4針
11	20	－10針
6～10	30	不加減
5	30	＋6針
4	24	＋6針
3	18	＋6針
2	12	＋6針
1	6	輪狀起針

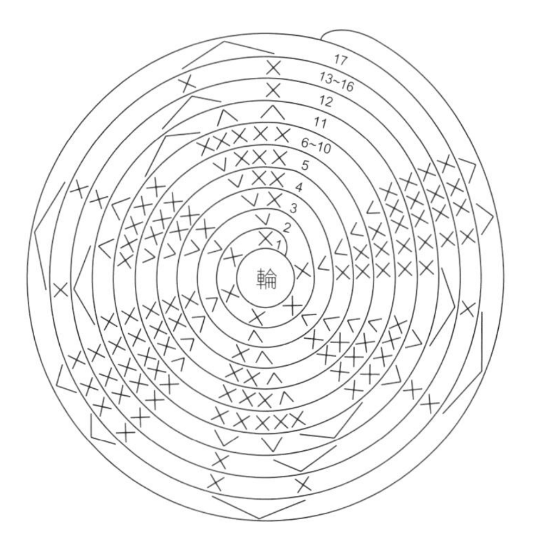

幽靈帽　2個

段	針數	加減針	顏色
11	50	＋10針	迷你仔・黑
10	40	＋8針	
9	32	＋8針・畝編	
8	24	＋3針	金蔥彩線・古銅金
7	21	＋3針	
6	18	不加減	迷你仔・黑
5	18	＋6針	
4	15	＋5針	
3	10	＋4針	
2	6	＋2針	
1	4	輪狀起針	

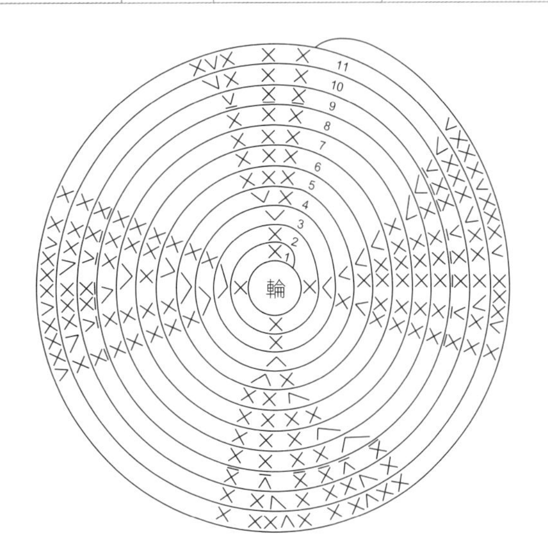

骷髏眼　4個／迷你仔・黑

幽靈手　4個／迷你仔・白

段	針數	加減針
2～3	5	不加減
1	5	輪狀起針

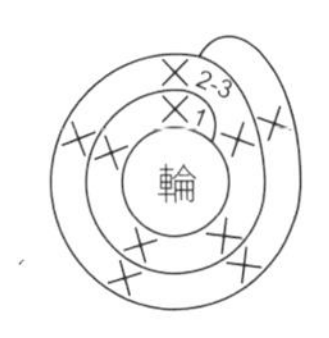

20 P.29

聖誕快樂B

線材 貝碧嘉／綠（25）、紅（14）、芥末黃（27）、咖啡（64）

工具 5/0 號鉤針、毛線針

尺寸 保麗龍圈外徑 18cm

其他 白色絨球 13 顆、10mm 黑色平底半圓 2 個、金色緞帶適量

作法 參照 P..46 作法，以貝碧嘉紅色及綠色交錯鉤織片狀織片，完成後將保麗龍圈包覆其中，織片兩側對齊縫合，再併縫頭尾銜接處，完成花圈主體。
依織圖完成麋鹿後，以熱融膠固定於花圈適當位置，完成！

麋鹿頭　1個／貝碧嘉・芥末黃

段	針數	加減針
23	6	－6針
22	12	－6針
21	18	－6針
20	24	－6針
19	30	－6針
18	36	－6針
15～17	42	不加減
14	42	－6針
9～13	48	不加減
8	48	＋6針
7	42	＋6針
6	36	＋6針
5	30	＋6針
4	24	＋6針
3	18	＋6針
2	12	＋6針
1	6	輪狀起針

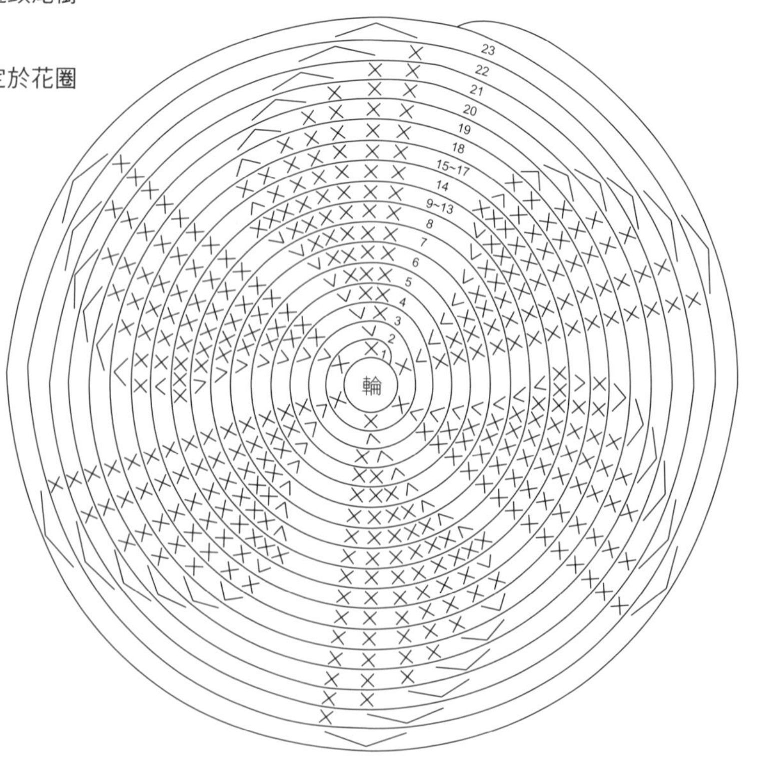

鼻子　1個／貝碧嘉・紅

段	針數	加減針
3～4	12	不加減
2	12	＋2針
1	6	輪狀起針

直鹿角　2個／貝碧嘉・咖啡

段	針數	加減針
4～10	12	不加減
3	12	＋2針
2	8	＋2針
1	4	輪狀起針

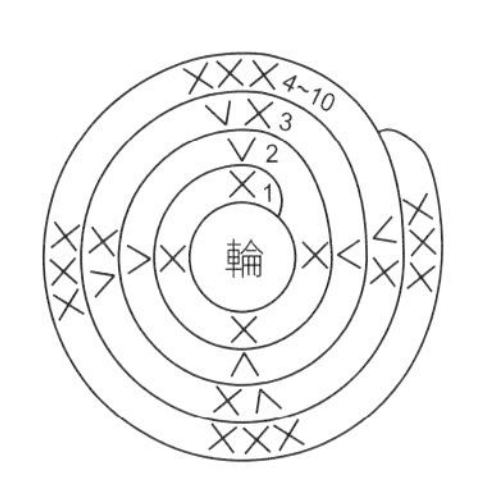

花圈本體　1個／貝碧嘉・綠、紅　5/0號鉤針

共織 88 段

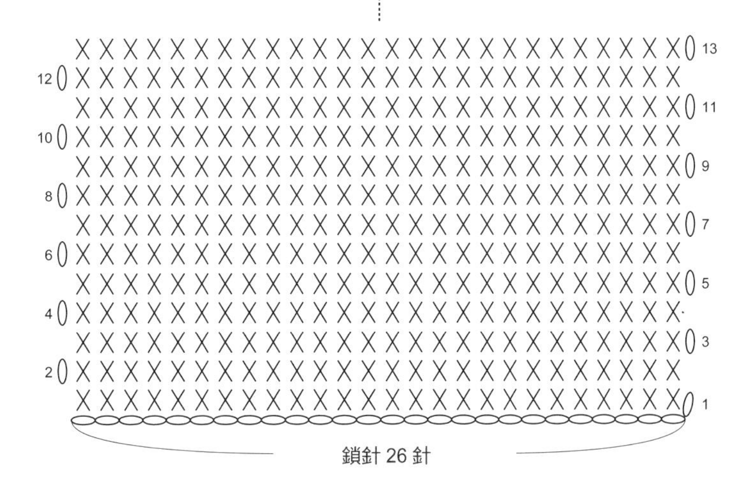

橫鹿角　2個／貝碧嘉・咖啡

段	針數	加減針
3～8	12	不加減
2	12	＋2針
1	6	輪狀起針

20 P.30 雙囍娃娃

線材 金葱彩線／紫色（TX12）、金（TX583）貝碧嘉／紅色（14）、膚色（35）、黑色（18）

工具 4/0 號・5/0 號鉤針、毛線針

尺寸 保麗龍圈外徑 30cm

其他 12mm 黑色平底半圓 4 個、10mm 絨球約 12 個、金色緞帶適量

作法 參照 P.46 作法，以金葱彩線鉤織片狀織片，完成後將保麗龍圈包覆其中，織片兩側對齊縫合，再併縫頭尾銜接處，完成花圈主體。
依織圖鉤織並組合雙囍對娃，以熱融膠固定於花圈適當位置，完成！

娃娃身＋頭　2個

段	針數	加減針	顏色
47	6	－6針	頭 貝碧嘉・膚色
46	12	－6針	
45	18	－6針	
44	24	－8針	
43	32	不加減	
42	32	－8針	
41	40	不加減	
40	40	－5針	
37～39	45	不加減	
36	45	－3針	
31～35	48	不加減	
30	48	＋6針	
29	42	＋6針	
28	36	不加減	
27	36	＋6針	
26	30	＋10針	
25	20	不加減・畝編	
24	20	－4針	身體 貝碧嘉・紅色
23	24	－4針	
22	28	－4針	
21	32	不加減	
20	32	－8針	
19	40	不加減	
18	40	－5針	
14～17	45	不加減	
13	45	－3針	
9～12	48	不加減	
8	48	＋6針	
7	42	＋6針	
6	36	＋6針	
5	30	＋6針	
4	24	＋6針	
3	18	＋6針	
2	12	＋6針	
1	6	輪狀起針	

男生耳朵／貝碧嘉・膚色

於臉部適當位置接線，依織圖鉤織。

左耳：由上往下

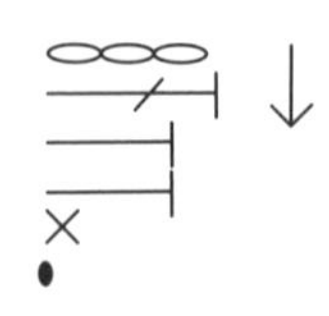

右耳：由下往上

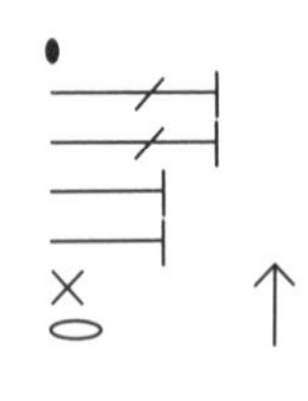

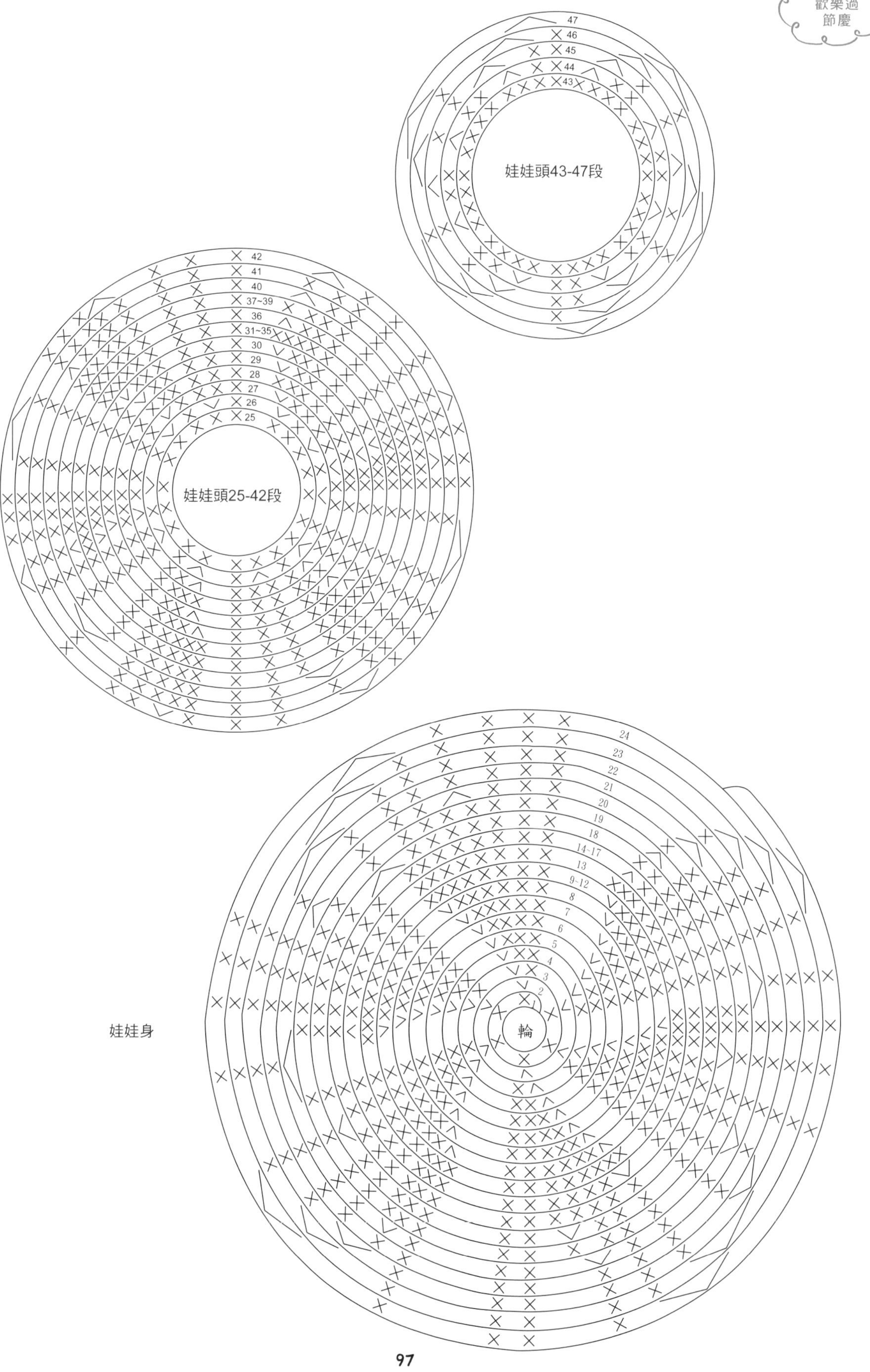
娃娃頭43-47段
娃娃頭25-42段
娃娃身
輪

花圈本體　1個／金蔥彩線・紫色

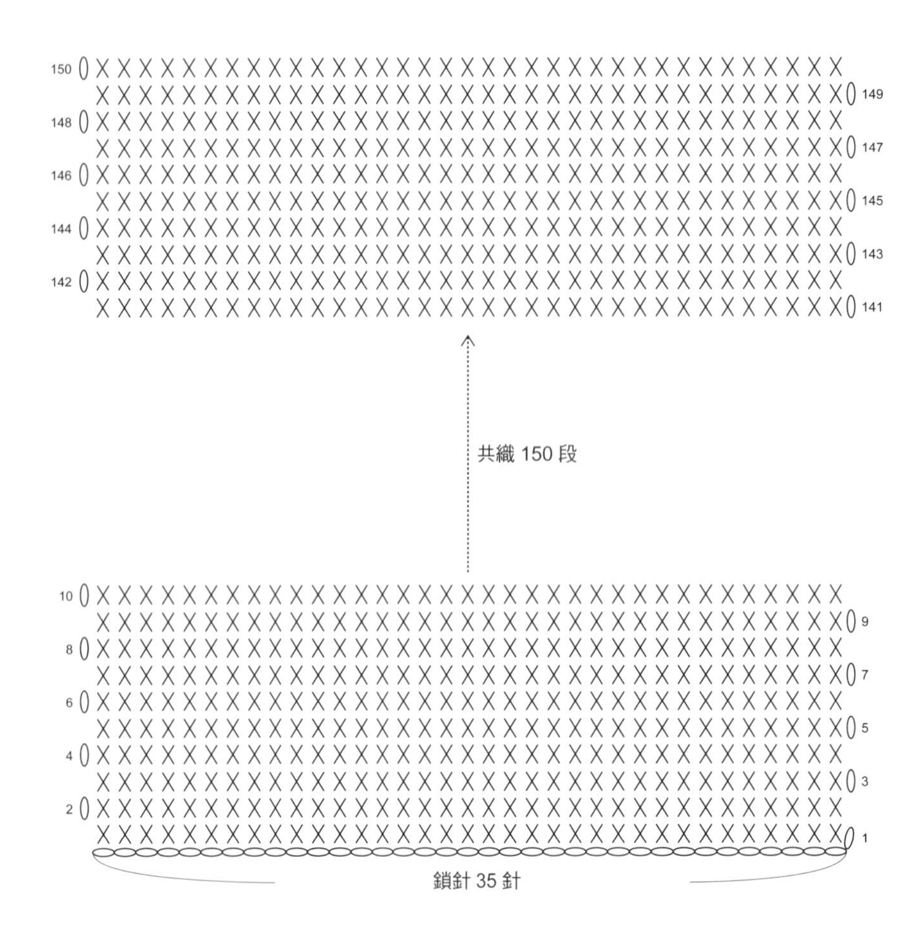

土字織片　4片／貝碧嘉・紅色

鎖針起針8針，依織圖以往復編鉤織短針，在第5、6與14、15段兩側鉤織鎖針，作為延伸部分的起針。收針段為底，每兩片對縫並填入棉花。

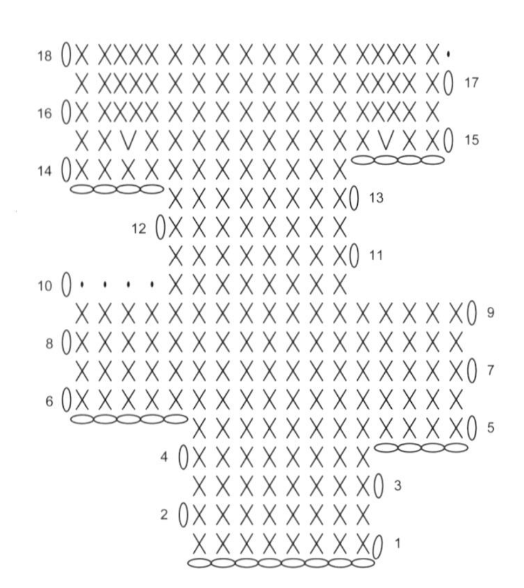

衣領　2片

在身＋頭的第25段上接線，挑畝編的另一條線鉤織短針。依織圖進行往復編，第4段改換金色線。

段	針數	加減針	顏色
5	50	不加減	金蔥彩線・古銅金
4	50	＋10針	貝碧嘉・紅色
3	40	＋10針	
2	30	＋5針	
1	25	＋5針	

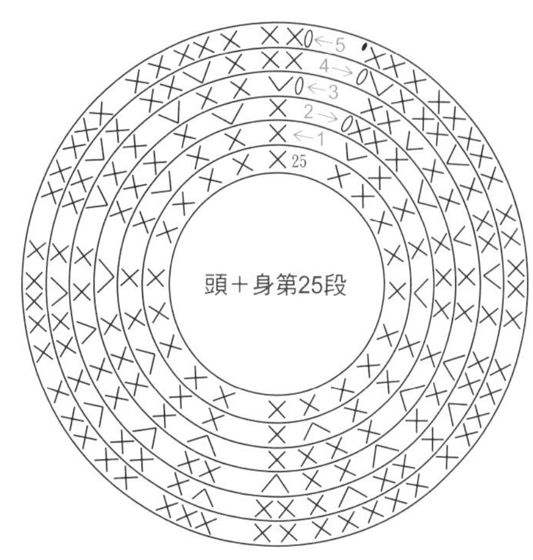

手＋袖子　4個

段	針數	加減針	顏色
23	21	不加減	貝碧嘉・紅色
22	21	＋3針	
21	18	不加減	
20	18	＋3針	
19	15	不加減	
18	15	＋3針	
17	12	不加減	
16	12	＋3針	
15	9	不加減 立1鎖針， 逆向鉤織	
3～14	9	不加減	貝碧嘉・膚色
2	9	＋3針	
1	6	輪狀起針	

男生頭髮　1片／貝碧嘉・黑色
女生帽子　1片／貝碧嘉・紅色

段	針數	加減針
8～11	49	不加減
7	49	＋7針
6	42	＋7針
5	35	＋7針
4	28	＋6針
3	21	＋7針
2	14	＋7針
1	7	輪狀起針

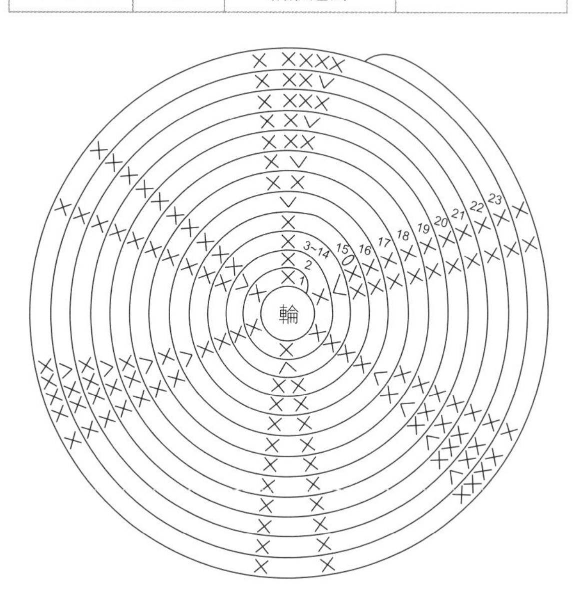

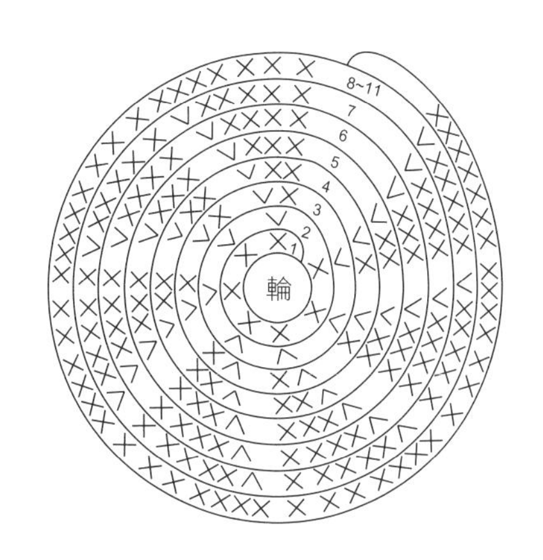

22 P.32
福神到

線材 娃娃紗／膚（14）、黑（12）
金蔥彩線／古銅金（TX583）、紅（TX5）、桃紅（TX12）、銀（TX1）
保羅抗菌紗／橘（09）

工具 3/0 號鉤針、毛線針

尺寸 保麗龍圈外徑 25cm

其他 春字裝飾、10mm．12mm 黑色平底半圓各 4 個、不織布

作法 以保羅抗菌紗將保麗龍圈圈纏繞包覆平整，即完成花圈主體。
依織圖完成 2 大 2 小的福神，組合後再以熱融膠固定於花圈適當位置，完成！

小福神本體　2個／娃娃紗．膚

段	針數	加減針
24	6	－6針
23	12	－6針
22	18	－6針
21	24	－6針
20	30	－6針
7～19	36	不加減
6	36	＋6針
5	30	＋6針
4	24	＋6針
3	18	＋6針
2	12	＋6針
1	6	輪狀起針

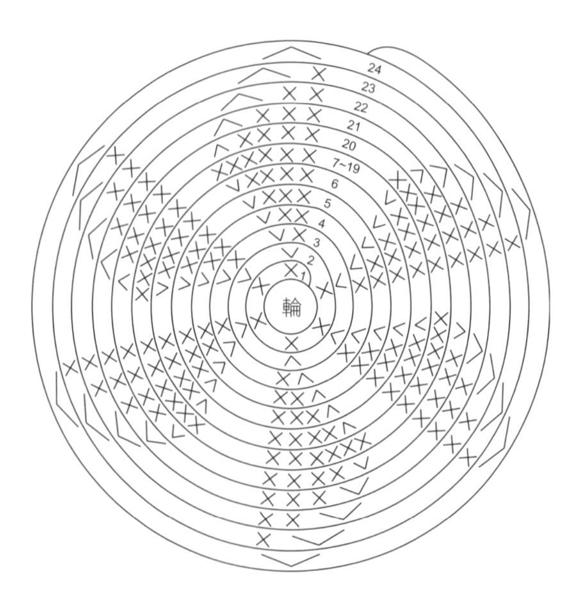

小福神外衣　2個／金蔥彩線・桃紅、銀

鉤織要點請參考「大福神外衣」。

段	針數	加減針
29	6	－6針
28	12	－6針
27	18	－6針
26	24	－6針
25	30	－6針
24	36	－6針
23	42	－2針
18～22	44	不加減
17	14	鎖針接合另一側
12～16	30	不加減・往復編
11	30	逆向鉤30短針 進行往復編
9～10	44	不加減
8	44	＋2針
7	42	＋6針
6	36	＋6針
5	30	＋6針
4	24	＋6針
3	18	＋6針
2	12	＋6針
1	6	輪狀起針

大福神本體　2個／娃娃紗・膚

段	針數	加減針
29	6	－6針
28	12	－6針
27	18	－6針
26	24	－6針
25	30	－6針
24	36	－6針
8～23	42	不加減
7	42	＋6針
6	36	＋6針
5	30	＋6針
4	24	＋6針
3	18	＋6針
2	12	＋6針
1	6	輪狀起針

大福神外衣　2個／金蔥彩線・古銅金、紅

起針鉤至11段，第12段開始以往復編鉤織至19段，留出臉部空間。第20段為14針鎖針，接合另一側，並作為下一段的起針。

段	針數	加減針
37	6	－6針
36	12	－6針
35	18	－6針
34	24	－6針
33	30	－6針
32	36	－6針
31	42	－6針
30	48	－4針
21～29	52	不加減
20	14	鎖針・接合另一側
13～19	38	不加減・往復編
12	38	逆向鉤38針
10～11	52	不加減
9	52	＋4針
8	48	不加減
7	42	＋6針
6	36	＋6針
5	30	＋6針
4	24	＋6針
3	18	＋6針
2	12	＋6針
1	6	輪狀起針

37
36
35
34
33
32
31
30
21~29
13.15.17.19
12.14.16.18
10~11
9
8
7
6
5
4
3
2
1
輪
20

【Knit・愛鉤織】67

居家布置好吸睛！
輕鬆作鉤織花圈

作　　者／愛線妞媽
發 行 人／詹慶和
執行編輯／蔡毓玲
編　　輯／劉蕙寧・黃璟安・陳姿伶・陳昕儀
執行美編／周盈汝
美術編輯／陳麗娜・韓欣恬
攝　　影／數位美學・賴光煜
製　　圖／巫鎧茹
出 版 者／雅書堂文化事業有限公司
發 行 者／雅書堂文化事業有限公司
郵撥帳號／18225950
戶　　名／雅書堂文化事業有限公司
地　　址／新北市板橋區板新路206號3樓
電　　話／（02）8952-4078
傳　　真／（02）8952-4084
電子郵件／elegantbooks@msa.hinet.net

2020年07月初版一刷　定價350元

經銷／易可數位行銷股份有限公司
地址／新北市新店區寶橋路235巷6弄3號5樓
電話／（02）8911-0825
傳真／（02）8911-0801

國家圖書館出版品預行編目資料

居家布置好吸睛！輕鬆作鉤織花圈 / 愛線妞媽著 . -- 初版 . -- 新北市 : 雅書堂文化 , 2020.07
面；　公分 . -- (愛鉤織 ; 67)
ISBN 978-986-302-547-4(平裝)

1. 編織 2. 手工藝

426.4　　109008210